CULTURE DU DAHLIA.

Ille rarum tamen in dumis olus, albaque circum.
Lilia . . . .
regum æquabat opes animis
— Virg. Georg. IV, 130-32. —

TRAITÉ PRATIQUE

DE LA

CULTURE DU DAHLIA,

PAR

JOSEPH PAXTON,

Éditeur du *Magasin de Botanique*, Jardinier en chef de
sa Grâce le duc de Devonshire, à Chatsworth ;

Traduit de l'Anglais,

Précédé de Lettres sur le même sujet,

PAR

M. A. DE HUMBOLDT

ET

M. A. DE JUSSIEU,

Membre de l'Académie des Sciences

PARIS,

LELEUX, LIBRAIRE-ÉDITEUR,

RUE PIERRE-SARRASIN, 9.

1839

PRÉFACE DU TRADUCTEUR.

La culture du dahlia a pris en France, depuis quelques années, une très grande importance aux yeux des horticulteurs, et cette année même deux expositions publiques de dahlias ont montré aux amateurs de fleurs avec quel succès nous culti-vons cette belle plante : quelle que soit pourtant la faveur dont elle jouit chez nous, nous n'avons pas encore égalé les Anglais dans leur passion,

et je doute que l'empire de la mode
puisse, en France, faire monter le
prix d'une variété de dahlia, quelle
que soit sa beauté et sa rareté, à
vingt louis le pied, comme on dit
qu'il s'en est vendu en Angleterre.

Au reste, nos voisins ont sur nous,
dans leurs produits, une incontesta-
ble supériorité, et on lira sans doute
avec intérêt et curiosité l'ouvrage
que l'un de leurs plus habiles horticulteurs vient de consacrer exclusi-
vement à la culture de cette plante.

Plein d'une juste défiance dans
mon peu de lumières en botanique
et en jardinage, j'ai cru devoir soumettre à M. Adrien de Jussieu la
traduction du traité de M. Paxton

sur la culture du dahlia, et j'ai dû à sa bienveillance quelques observations que je crois nécessaire de communiquer aux lecteurs.

L'opération décrite pages 67 et 68 lui a paru présenter quelque obscurité, ce qui tient sans doute à la traduction : le terme de *joints, jointures,* n'est peut-être pas assez net, et dans ce cas le mot de *nœud* eût été sans doute préférable. On appelle *nœud* le point d'une branche d'où part une feuille, et la feuille accompagne en général un bourgeon situé au dedans d'elle à son aisselle, c'est-à-dire à l'angle qu'elle forme avec la branche. Les jardiniers appellent *œil* le jeune bourgeon, et le mot bouton ne s'applique guère qu'aux fleurs.

Je me suis servi quelques fois, dans le cours de l'ouvrage, du mot *espèce* pour désigner ce que les botanistes appellent *variété*. Je voulais par-là éviter la répétition continuelle du même mot; on trouvera peut-être que puisqu'il a été établi, page 12, qu'il n'y a que trois espèces primitives de dahlia', et que la dernière seule a été l'origine de toutes les variétés que nous cultivons, il eut été plus exact et plus précis de bannir cette expression et de n'employer que celle de *variété* ou *sous-variété*.

M. Paxton s'occupant, page 134,

de la température nécessaire à la conservation des racines du dahlia, indique des degrés de Fahreinheit, thermomètre hors d'usage en France et qui pourrait n'être pas compris. 36° de Fahreinheit équivalent à peu près à 2° au-dessus de zéro de Réaumur, 40° à 4, 45 à 6.

Enfin, page 8, l'auteur anglais dit que le dahlia a été rapporté en Europe dès 1789 ; et, page 12, que la découverte de cette fleur est due à M. de Humboldt. Aucune autorité ne peut valoir sur ce sùjet, pour faire disparaître cette espèce de contradiction, celle du célèbre voyageur. Nous insérons ici une lettre que nous devons à l'obligeance de ce spirituel et illustre savant.

Au reste, on ne reconnaîtra, dans cet essai de traduction, ni le savoir ni les prétentions d'un véritable horticulteur. Il est rare qu'on puisse en France donner à la passion des fleurs le développement qu'elle a pris chez l'auteur de ce traité, placé à la tête des jardins d'un des plus riches seigneurs de l'Angleterre. Beaucoup de nos compatriotes pourront craindre, comme nous l'avons fait d'abord, qu'un livre écrit sous ces inspirations de magnificence ne convienne guère aux moyens bornés qu'on a généralement dans notre pays. L'étude du livre de M. Paxton nous a complètement rassuré à cet égard. La nature des observations sur lesquelles repose l'ensemble de l'ouvrage est telle, qu'il n'est si modeste amateur qui ne puisse s'y instruire et s'y plaire. Tel est au moins l'effet qu'a produit sur nous le traité anglais, quand nous avons cherché à en appliquer les principes à une culture extrêmement restreinte, dans les loisirs de notre *cottage* : heureux si nous avons assez fidèlement reproduit la pensée de l'auteur, pour que son livre puisse rendre, dans notre pays de petite propriété, les services qu'il a voulu rendre dans le sien aux plus humbles fortunes comme aux plus magnifiques existences!

M.

Je suis heureux de vous offrir pour votre intéressant travail ce que ma mémoire me fournit encore, quoique les souvenirs du Mexique aient sans doute été un peu effacés par les souvenirs de l'Asie. Les découvertes sont plus faciles à faire qu'il ne l'est de préciser les droits de priorité; ma tâche sera pourtant moins dangereuse, car j'ai *trouvé*, j'ai vu croître librement, spontanément, sur un sol vierge, mais je n'ai rien *découvert*. En descendant avec M. Bonpland du Haut-Plateau du Mexique, vers les côtes de la mer du Sud, nous trouvâmes dans une espèce de prairie (phénomène très rare sous les tropiques), à 6000 ou 6800 pieds au-dessus de l'Océan, à l'est du volcan de Jorullo, près de Pazcuaro.

des plantes de dahlia en fleurs et en graines : elles n'avaient que cinq a six pouces
de hauteur; c'était en 1803.

A notre retour à Mexico nous apprîmes
que la plante était connue de M. Vicente
Cervantes, directeur du Jardin-Botanique ; il
en avait envoyé des graines au célèbre botaniste Cavanilles, à Madrid. Lorsque je re-
tournai en France, en 1804, le dahlia existait au Jardin-Botanique de Montpellier et
en Angleterre, où lady Holland avait envoyé
des graines également venues de Madrid.
Nous répandîmes les dahlias dans les jardins de Paris, dans toute l'Allemagne et le
Nord. M. Otto, directeur du Jardin-Botanique de Berlin a, plus que personne, contribué à étendre la culture des dahlias, en
multipliant à l'infini les plantes venues de
nos graines ; d'après des lettres publiées
par M. Otto, en Allemagne, sur l'histoire
du dahlia (mes compatriotes préfèrent le
nom de *Georgina*, donné par Willdenau,

en l'honneur du célébre voyageur en Sibé-
rie, M. Georgi), il n'existait plus en Europe,
avant mon retour, que les variétés violettes:
les rouges et oranges ont été introduites
par nous. M. Otto prétend aussi que les
jardins de l'Angleterre avaient perdu, en
1804 et 1805, tous les dahlias provenant
du jardin botanique de Madrid, et que le
jardin de Berlin a fourni à l'Angleterre les
plantes-mères des variétés qui y existent
aujourd'hui. Je dis *variétés*, car la plupart
des botanistes, et je puis m'appuyer du
plus illustre de tous, M. Robert Brown, ne
reconnaissent pas d'*espèces* dans nos dahlias.
Voilà tout ce que ma mémoire me fournit
sur la filiation de ces tribus nombreuses de
dahlias, si admirables de couleur, mais,
pour le feuillage, très inférieures au *Cobœa
scandens*, autre plante mexicaine si commune parmi nous. Je n'ai pas vu le dahlia
le premier, l'abbé Cavanilles a introduit
les premières variétés en Europe au jardin

botanique de Madrid ; le voyage que j'ai fait conjointement avec M. Bonpland a seulement contribué à répandre plus universellement cette belle plante, et à multiplier ses variétés. L'abbé Cavanilles a eu des graines de Dahlia avant 1791 : il a figuré son *Dahlia pinnata* dans son bel ouvrage d'*Icones* de 1791, tom. i, p. 57, tab. 81 ; deux autres variétés ou espèces ont été publiées par lui dans le tom. iii, p. 33, tab. 266, qui parut en 1794. Il avait déjà, à cette époque, les variétés violettes, roses et pourprées. Il existe deux autres végétaux que nous avons découverts et introduits dans les jardins d'Europe, notre *Lobelia fulgens* et *Lobelia splendens* , dont l'intensité de couleur rouge et l'éclat sont bien supérieurs au dahlia : malheureusement leur culture est plus difficile.

Recevez, etc.

A. DE HUMBOLDT.

20 octobre 1858.

AU TRADUCTEUR.

M.

Une traduction fidèle et élégante de
l'estimable ouvrage de Paxton sur la cui-
ture du dalhia, doit être reçue en France
avec autant de plaisir que d'utilité, et
vous pouviez être sûr d'avance que j'ap-
plaudirais à celle que vous avez eu la
bonté de me communiquer. Le dahlia a
été une acquisition précieuse pour les
jardins dont il fait le plus bel ornement

en automne, au moment même où les autres fleurs commencent à manquer et où cependant la campagne est le plus généralement visitée. Ce n'est pas d'ailleurs aux seuls amateurs de l'horticulture qu'il offre de l'intérêt; si l'on compare ce qu'il était au moment de son introduction, tel qu'il a été figuré par Thouin dans les *Annales du Muséum*, d'après les premiers pieds qui fleurirent en France, et ce qu'il est devenu depuis, si l'on considère ses innombrables variétés, et si l'on cherche à apprécier les influences sous lesquelles elles se reproduisent, on reconnaîtra que la physiologie végétale peut attendre de cette étude des éclaircissemens utiles pour la solution d'une des questions les plus importantes, la variation de l'espèce. Un ouvrage qui expose tout ce que la pratique a appris sur ce sujet, doit donc être bien venu des botanistes, et pour ma part, je l'ai lu avec le double intérêt qu'il doit inspirer à tout homme qui étudie les fleurs et qui les aime.

Recevez, etc.

ADRIEN DE JUSSIEU.

INTRODUCTION.

Il n'est pas d'occupation plus digne d'un esprit intelligent et éclairé que l'étude de la nature et des choses naturelles; et soit que nos investigations aient pour objet la structure et les fonctions du corps humain, soit que nous dirigions notre attention sur la classification et les mœurs des animaux, ou que nous portions nos recherches dans le champ plus agréable et plus varié de la vie végétale, nous trouverons constamment quelque objet nouveau pour fixer notre attention, quelque fraîche beauté pour exciter notre admiration et quelque source jusqu'alors inconnue de plaisir et de délices. Mais, quand nous parcourrions le domaine entier de la nature, et quand nous essayerions de nous emparer des riches moissons de savoir et de plaisir que présentent chacune de ses parties, nous ne trouverions pas une source d'amusemens plus purs, plus délicats, et un sujet de récréation à la fois plus infaillible et plus intéressant que celui que procurent l'observation et l'examen de la structure, des affinités et des habitudes des plantes et des végétaux.

« Dans cette étude, pour nous servir des expressions d'un grand écrivain, tout est charme et élégance; pas une expérience pénible, dégoûtante, ou mal-

saine, n'est nécessaire : les plaisirs que
donne cette étude naissent à chaque
pas, et leur poursuite est payée par
la santé et une sereine satisfaction. »
A l'appui de ces considérations, nous
n'avons besoin que de nous en référer
à l'état présent de la botanique; en
effet, à mesure que l'esprit de l'homme
s'éclaire, à mesure que les âges successifs atteignent un degré supérieur d'in-
telligence, plus enfin l'homme prend
plaisir à cultiver les puissances de sa
pensée et se débarrasse des sombres
nuages de l'ignorance et du préjugé,
pour arriver à l'apogée du rafinement
intellectuel, plus aussi la science de
l'horticulture, en rapport avec la botanique, est étudiée et voit augmenter la
liste de ses admirateurs dévoués. Nous
ne voulons pas de meilleure preuve que

cette occupation est une des plus délicieuses et des plus raisonnables auxquelles l'esprit de l'homme puisse se livrer, et nous avons de bonnes raisons de penser que si nos connaissances en cette matière sont encore bornées, cette science n'en atteindra pas moins un haut degré de perfection.

L'horticulture est maintenant étudiée non seulement en vue d'un grand accroissement de bien-être pécuniaire; non seulement les jardiniers, en lui dévouant leurs soins et leurs forces, y trouvent leur subsistance, mais depuis le marchand et le *gentleman* jusqu'au grand seigneur le plus influent, jusqu'aux dames du plus haut rang et de la première distinction, cette étude est devenue, de nos jours, une occupation favorite; et tous, selon leurs di-

verses situations et leurs moyens, cher-
chent à accroître leurs connaissances
sur cet intéressant sujet. Dans ces cir-
constances, tandis que la presse produit d'innombrables ouvrages sur la direction à donner à la culture des diverses plantes, l'auteur des pages qui
vont suivre, a observé avec regret que
le dahlia, cette plante digne autant
que nulle autre, d'attirer l'attention, n'a
encore été l'objet d'aucun livre expres-
sément et uniquement consacré à sa
culture; et il est convaincu qu'il ne fait
qu'exprimer les sentimens de la grande
majorité, en disant que la publication
d'un livre sur ce sujet est attendue depuis long-temps avec anxiété. Cet es-
poir et le désir de combler une lacune
sont les motifs qui ont décidé l'auteur
à se charger d'une tâche qu'il eût pré-

féré voir accomplie par un plus digne
et plus compétent.

Cherchant donc une excuse à sa té-
mérité dans l'expérience que lui ont
acquise de longues années d'une pratique heureuse dans la culture de cette
fleur, l'auteur de ce petit traité l'offre
avec confiance à l'attention d'un public
indulgent, sans former le plus léger
doute qu'il n'en soit accueilli favora-
blement ; et dût cette confiance être
trompée, il se consolerait encore de ce
mécompte, par la pensée d'avoir consacré ses efforts à exciter et à encou-
rager la culture d'une plante dont il
est depuis long-temps le plus ardent
admirateur, et qui a fait dans un court
espace de temps des progrès si extra-
ordinaires. En traçant l'histoire de
cette plante depuis son introduction

dans ce pays jusqu'à l'époque actuelle, et en rappelant les progrès qui ont été faits dans sa culture pendant ce temps, je ne puis en tirer qu'une conclusion, c'est que l'état de perfection auquel cette fleur est récemment arrivée est absolument sans parallèle dans l'histoire d'aucune fleur, ni famille de fleurs de nos collections. J'espère n'être pas accusé de manquer à la vérité en disant que les dahlias sont à présent et de beaucoup, la plus intéressante, la plus belle et la plus populaire des fleurs d'automne dont nos jardins puissent se glorifier.

Si la beauté de cette fleur a été généralement reconnue, si aucune fleur n'a été plus heureusement et plus universellement cultivée par les jardiniers anglais, diverses raisons lui ont mérité cette faveur : d'une part, le bas prix auquel les espèces les plus estimées peuvent s'obtenir, et l'extrême facilité de former de nouvelles variétés, en perpétuant et cultivant les anciennes; et, d'autre part, la diversité et la variété presque sans bornes des fleurs du dahlia, l'élégance de leur forme, la profusion avec laquelle il les produit, le riche et brillant coup-d'œil qu'elles offrent dans la floraison, tous ces motifs réunis ont contribué à obtenir au dahlia cette admiration universelle et ont fait arriver sa culture à un degré de passion qui touche presque à la manie.

Nous savons par des auteurs irrécusables que cette plante fut pour la première fois apportée d'Espagne en Angleterre, en l'année 1789, par la marquise de Bute : mais, comme ensuite il n'en est plus fait mention, il est probable qu'elle fut perdue très-peu de temps après cette introduction. En 1804, des graines de cette plante, provenant du Jardin Royal de Madrid, furent remises par lady Holland à M. Buonaroti, alors résidant en ce pays. Ces graines produisirent un petit nombre de plantes dont quelques-unes fleurirent à la saison suivante, et deux autres fleurirent dans le jardin de lord Holland à l'automne de la seconde année. Depuis cette époque jusqu'en 1814, la culture du dahlia ne fit parmi nous que peu de progrès, tandis qu'il fut cultivé avec succès, pendant ce temps, dans les jardins royaux d'Espagne, de France et d'Allemagne, d'où les racines de diverses variétés furent importées dans notre pays. Après ce temps (1814), le dahlia devint plus généralement connu et fut cultivé dans beaucoup de collections; mais il était réservé aux cultivateurs intelligens des dernières années, d'en étendre extrêmement la circulation et de lui faire faire de rapides progrès vers la perfection.

Ce fut réellement un spectacle tout nouveau, il y a huit ou dix ans, de voir des dahlias à fleurs doubles dans les jardins des marchands et des paysans; et à présent, grâce à l'étonnante rapidité avec laquelle les bonnes et nouvelles espèces s'obtiennent et se propagent, il n'est pas rare de rencontrer dans les plus humbles jardins plusieurs bons dahlias, et quelquefois des dahlias de la plus haute volée.

Le nom botanique de dahlia fut d'abord donné à cette plante en l'honneur

de *Dahl*, botaniste suédois, par Cavanilles, botaniste espagnol ; mais la propriété de ce nom fut contestée à cause
de sa ressemblance avec *Dalea*, nom
donné antérieurement à une plante d'un
genre tout différent, et vulgairement
prononcé daylia. Plusieurs botanistes
convinrent de changer ce nom en celui
de Georgina ; quelques-uns disent en
l'honneur de Georgi, botaniste et voyageur russe, tandis que d'autres prétendent que c'était un compliment pour
lady Holland, à laquelle on devait l'introduction de cette plante en Angleterre. Mais, quoique le savant M. de
Candolle et d'autres botanistes éminens
adoptassent cette dernière dénomina-
tion, et malgré tous les efforts qui furent tentés pour la faire prévaloir, il
est arrivé que le nom primitif de Dahlia,

trop généralement connu et adopté, n'a pu être déraciné, et ce nom, qui avait d'ailleurs la priorité de publicité, ce qui est un motif déterminant en cette matière, est demeuré celui sous lequel cette plante est universellement connue.

Le dahlia est originaire des plaines hautes et sablonneuses de Mexico, où il fut découvert par un illustre et infatigable voyageur, M. de Humboldt, à 5,000 pieds au-dessus du niveau de la mer, nous ne savons pas précisément en quelle année.

Il y a trois espèces distinctes de dahlias : *Dahlia coccinea*, *dahlia cervantesii*, *dahlia variabilis*. Les deux premières espèces ne sont plus cultivées ; elles produisent moins de variétés et sont très-inférieures au dahlia variabilis ; c'est de cette dernière es-

pèce que viennent toutes les innombrables variétés actuellement connues.

Nous savons donc, de source certaine, que le dahlia est cultivé en Angleterre depuis plus de trente ans, mais
ce n'est que depuis les dix dernières
années qu'il a atteint quelque degré de
perfection; si nous jetons un coup-
d'œil en arrière sur les progrès de cette
culture, quel sujet de surprise et d'é-
tonnement! Chaque année produit quelque nouvelle beauté, chaque renouvel-
lement de saison développe quelques
particularités de forme et de couleur,
chaque catalogue annuel nous informe
de quelque immense accroissement à la
liste précédente, et nous sommes forcés
de nous écrier : où cela finira-t-il ? Le
temps seul peut répondre à cette question, et aucune conjecture ne peut

donner à ce sujet de conclusion satisfaisante. Nous pouvons cependant raisonnablement inférer de ce que les dernières années nous ont montré, et de l'expérience qui en est le résultat, que, dans un laps de temps égal, nous aurons des dahlias de toutes les formes et de toutes les nuances de couleurs; on peut seulement douter qu'il soit possible d'augmenter beaucoup leur grosseur.

M. de Candolle, dans son essai sur cette famille de plantes, insinue l'improbabilité d'un dahlia bleu. Il considère le bleu et le jaune comme les couleurs fondamentales et radicales des fleurs : ces couleurs pourtant s'excluent l'une l'autre; quoique des fleurs jaunes passent aisément au rouge ou au blanc, elles ne deviennent jamais bleues; de même des fleurs bleues sont changées fréquemment en rouge ou en blanc, mais elles ne passent jamais au jaune ; il est pourtant permis d'imaginer que, dans un court espace de temps, nous pourrons avoir des dahlias combinant à l'infini dans leurs fleurs les couleurs si riches, si brillantes et si exquises, pour lesquelles la tulipe a été long-temps et justement admirée. Pourquoi ne verrions-nous pas le blanc et le noir réunissant dans une seule fleur un contraste frappant? et si la forme sphérique devenait à la mode, nous aurions alors des dahlias présentant la forme d'énormes globes aux mille couleurs.

Qui aurait imaginé, il y a quelques années, nos dahlias pointillés, panachés et nos dahlias rayés de couleurs si variées et si vives? qui eût supposé qu'il était possible de tirer d'une plante, comparativement insignifiante, de telles et innombrables variétés? et que ne pourra encore le génie de l'homme et son industrie appliqués au règne végétal? Laissons les cultivateurs persévérer dans l'esprit qu'ils manifestent depuis dix ans; qu'ils persistent à s'assurer de plus en plus des habitudes de cette plante, et à adopter les méthodes de culture, qu'une expérience de plusieurs années enseigne lui convenir le mieux; mais, par-dessus tout, qu'ils s'appliquent avec une assiduité croissante à la production de variétés nouvelles par des semis des espèces les plus estimées, et je suis assuré que le degré de perfection auquel sera portée, en dernière analyse, cette plante si belle et si à la mode, surpassera les plus ardentes espérances de ses plus dévoués admirateurs.

C'est avec cette conviction et comme moyen d'avancer vers ce désirable but, persuadé de l'influence d'une bonne culture dans l'amélioration de la plante, que j'ai été conduit à offrir au public le résultat de ma propre expérience dans un traité succinct et mis à la portée de toutes les classes. Mon seul but et mon seul désir est de faire faire un pas à la culture de cette plante, aujourd'hui le plus splendide ornement des jardins anglais.

Chatsworth, mars 1838.

TRAITÉ PRATIQUE

DE LA

CULTURE DU DAHLIA.

Culture facile.

La culture du dahlia, si l'on en excepte la conservation des racines pendant l'hiver et les diverses méthodes de propagation et de multiplication au printemps, offre peut-être aussi peu, si ce n'est moins, de difficulté que la culture d'aucune autre plante d'ornement. En preuve de cette assertion, nous n'aurons besoin que de diriger notre attention sur les jardins de presque tous les paysans, artisans ou nobles, et soit qu'ils se trouvent placés dans le territoire enfumé des villes, ou dans l'atmosphère plus pure et plus salubre de la campagne, nous ne manquerons guère d'y trouver cette plante dans le plus parfait état de santé et rarement dépourvue de ses belles et fraîches fleurs. Cette dernière circonstance cependant, dépend plus des espèces choisies que du terrain et de l'exposition dans lesquels elles seront plantées ; car quelques espèces produisent leurs fleurs plus abondamment et plus librement que d'autres. Malgré le goût que chacun témoigne pour cette fleur, nous trouvons souvent des fautes dans la culture de cette plante, et il est certain qu'il y a un certain degré de perfection auquel tous s'efforcent de s'élever, mais auquel le plus grand nombre des cultivateurs semble tout à fait incapable d'arriver, et que peuvent seuls atteindre un petit nombre d'individus zélés et persévérans, dont l'expérience et les investigations ont découvert les meilleures méthodes de traitement.

Effets du climat du terrain.

La plupart des cultivateurs ont été amenés à attribuer le plus ou moins de supériorité des produits du dahlia aux grandes différences de climat dans les diverses provinces. Il ne peut en effet y avoir le plus léger doute qu'un climat chaud et agréable comme celui du midi de l'Angleterre, ne possède des avantages supérieurs au climat glacé des districts du nord, et ne favorise l'accroissement de cette plante, de telle sorte, que sous ce climat et avec le même système

de culture elle est invariablement supérieure. Mais je ne crois pourtant pas au
climat l'influence matérielle qu'on lui at-
tribue généralement, et je suis persuadé
que si on mettait plus de soin et d'attention à choisir la situation et le terrain,
les fleurs produites dans le nord seraient
très peu inférieures à celles qu'on élève
dans le midi.

Quelques personnes pourront regarder ce jugement comme précipité et mal
fondé, et considérer le système que je
vais proposer pour l'amélioration du terrain comme fâcheux et incommode; elles
s'exagéreront le travail nécessaire pour
l'amener à produire tout son effet et se
décideront enfin à le rejeter avec légèreté sans en avoir fait l'essai pratique,
sans penser que les fleurs étant beaucoup
plus belles deviennent une ample com-

pensation au surplus de travail demandé.

Je ne dissimulerai pas que le sol naturel, lorsqu'il est mauvais, devra être entièrement changé et remplacé par de la nouvelle terre prise à distance, mais je maintiens que le sol naturel de quelque jardin ou lieu que ce puisse être, que ce soit une terre forte, et qui retient les eaux, ou une terre friable et sans consistance, doit, par le mélange d'une quantité proportionnée de certaines terres de diverses qualités, être modifié et accommodé à ce point à la constitution du dahlia, que si du reste le système de culture est tel que l'expérience l'a montré convenable, cette circonstance n'en sera que plus favorable à la beauté de la fleur.

Si nous prenons en considération le terrain dans lequel a été trouvé le dahlia indigène, et qui doit être par conséquent

le plus analogue à ses habitudes, c'est
celui de plaines sabloneuses, et en le com-
parant avec le terrain de la plupart des
champs et des jardins en Angleterre
nous ne pourrons nous empêcher de convenir qu'avec un léger travail, il ne soit
très facile de le rendre fort semblable
en contexture et en qualité, à celui que
l'analogie et trente ans d'expérience nous
ont montré plus favorable au développement de cette plante.

Les terrains qui me semblent les
moins propres à être adaptés à la culture du dahlia sont : 1° Celui d'une contexture serrée, d'une nature humide, adhérente et qui retient l'eau; et celui qui
léger. sans aucune disposition à adhérer,
contient une trop grande quantité de matières végétales en décomposition. Tous
les terrains intermédiaires entre ces deux

extrèmes peuvent avec une légère mo-
dification, être amenés à la condition
que je regarde comme la plus favorable
à la culture de cette plante. Mes raisons
pour proscrire le terrain mentionné le
premier, sont : 1° Qu'en conséquence de
sa nature humide et serrée il est trop
froid et trop pesant autour des tubercules ; en second lieu, qu'il est trop maigre,
et que la petite nourriture qu'il peut contenir est absorbée avec tant de difficulté
par les fibres ou petites racines, qu'elle
devient insuffisante pour rendre la plante
capable de développer convenablement
toutes ses parties. Au terrain décrit le
dernier j'objecte, qu'il est trop poreux,
et, dans un temps sec, trop sujet à ne pas
retenir et s'imbiber de la suffisante quantité d'humidité ; secondement, qu'il est
trop riche et par conséquent que les ra-

cines y prennent une extension surabon-
dante, tandis que la sève profite moins
aux autres parties de la plante.

C'est une erreur très fatale que d'imaginer que les fleurs du dahlia seront
améliorées ou grossies, pour être plantées en une terre riche et souverainement
nutritive; loin de là, elles useront toutes
leurs forces à produire des racines et des
feuilles, les fleurs seront en petit nombre
et fort appauvries, ou bien elles seront
si luxuriantes et si grossières, qu'elles
perdront toutes cette beauté de forme
recherchée dans le dahlia. Les exemples
de ce principe ne manquent point pour
d'autres plantes : quel est le jardinier qui
ne sache que telles plantes demandent un
terrain qui contienne une très petite portion de matière nutritive, et que placées
dans une terre trop riche, elle ne pro-

duisent plus que des fleurs mesquines et abâtardies, ou le plus souvent ne fleurissent point du tout ? Puisqu'il est bien entendu que les dahlias sont cultivés dans le seul but de produire des fleurs belles et bien formées, je pense qu'il est également démontré que leur plantation dans une terre où se trouveraient trop de matières végétales, et qui par cette circonstance deviendrait excitante et nutritive au plus haut degré, serait préjudiciable à la formation et au développement d'un grand nombre de fleurs larges et bien formées.

Autant que mes observations, faites avec soin, me rendent capable de porter un jugement sur la culture du dahlia, j'ai toujours trouvé qu'il réussit mieux lorsqu'une médiocre quantité d'humidité est maintenue autour de ses racines,

et qu'une appréciable détérioration s'en-
suit invariablement si on laisse les tubercules se saturer d'eau, et s'imbiber d'une
humidité excessive. Le système que je
propose pour réduire une terre humide
et argileuse, à l'état convenable de fria-
bilité est celui-ci : au commencement de
l'automne on se procurera un tas de
sable de rivière et de ratissures d'allées;
la première substance devra dominer et
le tout être bien incorporé l'un à l'autre
en le tournant fréquemment. En cet état,
environ au mois de novembre, vous por-
terez ce mélange sur la terre que vous
voulez bonifier et le répandrez également
sur sa surface à l'épaisseur de deux pouces. La terre sera alors soumise à l'opération que les jardiniers appellent *labour
profond*. En la faisant, chaque sillon de
terre , devra rester élevé en position in-

verse et laissé le plus possible en mottes
non rompues. Laissez la terre en cet
état exposée à l'action du vent et de la
gelée pendant tout l'hiver. Avant de la-
bourer au printemps (en mars), répandez
un autre lit de la même composition que
dessus, sur toute la surface de la terre,
à la profondeur de deux pouces : cela
fait, labourez le tout soigneusement et
aussi creux que possible, de façon à ce
que la substance entière puisse recevoir
l'influence bienfaisante de la pénétration
de l'air. Il sera mieux de laisser le terrain
reposer en cette condition jusqu'à ce
que le temps (mai) de planter les dahlias
arrive : alors il devra être bêché à la su-
perficie, ou, en termes usuels, piqué à la
bêche; à cette époque le sable se sera
bien mêlé à la terre et elle se trouvera
améliorée par ce moyen à un tel degré,

qu'on la travaillera avec une facilité comparativement plus grande la saison suivante; ajoutez à cela, que les dahlias y croîtront beaucoup plus parfaits qu'auparavant, que les fleurs seront plus belles et que l'amélioration deviendra plus sensible chaque année.

Après la première saison, la terre aura de la légèreté et une contexture plus friable et plus ouverte. Alors il sera nécessaire d'employer une petite quantité de terreau bien consommé, de quelque nature qu'il soit, pour la renforcer. Si le sol est à la fois pauvre et naturellement dur, une large proportion d'engrais sera nécessaire pour lui donner les qualités nutritives qui lui manquent, et je ne fais aucun doute que le fumier de feuilles sèches et celui qui est produit par la décomposition des petites branches d'arbres ne soit en ce cas la meilleure sorte d'engrais, car en enrichissant la terre, ces matières aideront à la rendre légère et friable. Mais là où le terrain joint la force et la richesse à la dureté et à l'adhérence, il faudra être économe de fumier et ne s'en servir qu'en cas de nécessité absolue. Quoiqu'il en soit cette dernière espèce de terrain n'est rien moins que commune, on la rencontre rarement surtout, là où la terre a été préalablement cultivée. Je suis persuadé que la pratique de ce système bonifiera et améliorera tellement toute terre dure, qu'elle deviendra capable de produire non seulement les dahlias, mais presque toutes les autres plantes herbacées.

Qu'une certaine quantité d'humidité soit nécessaire à la culture du dahlia, c'est un fait trop bien connu pour qu'il soit nécessaire de le prouver par aucun argument ; d'après cela un terrain sans consistance et trop ouvert demandera quelques modifications avant d'être en état de produire des dahlias dans leur perfection.

Mais la difficulté éprouvée pour rendre friable une terre adhérente à un certain degré, est bien plus grande que celle de rendre adhérente une terre faible, ainsi que tout le monde pourra en faire l'expérience.

Le moyen le plus efficace que j'ai trouvé pour cet objet, a été de m'abstenir de fumier pendant quelques saisons, et après cela de n'en employer que la quantité absolument nécessaire à la récolte que je désirais obtenir : je suis convaincu qu'une terre semblable à celle dont il est ici question, sera par l'usage intelligent de ce moyen, amenée à un état propre à la culture du dahlia, sans l'appauvrir pourtant au point de la rendre incapable d'en produire du meilleur caractère possible, à la fois sous le rapport de plantes fortes et bien formées, et sous celui du nombre et de la beauté des fleurs.

Outre ce moyen, celui de retourner le sol à une profondeur considérable, c'est-à-dire d'y pratiquer des tranchées, est d'une excellente pratique en des terrains de cette nature, et les rendra promptement adhérens et capables de conserver l'humidité. La pratique des tranchées est encore très avantageuse, là où le sol a été épuisé, par là on sera dispensé du fumier pour long-temps. Mais dans les lieux où la surface du terrain est légère et friable, et le sol de dessous composé de pure glaise, ce qui arrive en quelques endroits aux environs de Londres, on doit adopter un autre moyen. Au lieu de tourner en dessus ce sol de dessous avec lequel il ne s'incorporerait jamais qu'imparfaitement, une certaine quantité de terre vierge et franche levée dans un terrain vague, avec la motte, sera mise en tas dans l'automne et passera ainsi tout l'hiver; on la placera, autant que possible, à l'abri du jour, pour en hâter la décomposition : au printemps, elle devra être tournée à plusieurs reprises et répandue sur la terre en question. Cela, joint à la précaution indiquée plus haut d'épargner l'engrais, donnera promptement à une terre de cette nature la consistance nécessaire.

Dans les remarques précédentes, on

aura vu que j'ai parlé de deux espèces
de terrains absolument opposés, que
leur nature particulière rend incapables
de produire des plantes et des fleurs
aussi belles qu'elles le sont dans le terrain
qui leur est naturellement propre. Je me
suis efforcé de montrer que, dans ces
deux cas, la terre peut être si bien améliorée par l'emploi de certains ingrédiens, et par l'usage qu'un jugement
sain en saura faire, qu'elle peut être
rendue capable de produire des dahlias
très peu inférieurs à ceux que donne
une terre d'une qualité plus favorable.

La condition des terres intermédiaires
entre ces deux extrêmes, peut être aussi
améliorée et rendue comparable à celles
qu'on est accoutumé à regarder comme
la plus convenable, de la manière sui-

vante : quand la surface du sol est plus
que modérément dure, et que le sol qui
se trouve sous cette première couche ap-
proche de la consistance de l'argile, ad-
ministrez du sable et autres ingrédiens
laxatifs, avec une petite proportion d'engrais bien consommé. Quand le terrain
est trop léger, abaissez en bêchant, la
bêche sur l'os du paleron, et vous amène-
rez ainsi à la surface une portion du sol
de dessous, ce qui l'améliorera effectivement. En un mot, ce qui est nécessaire,
c'est de pratiquer l'un ou l'autre de ces
systèmes, de la manière et avec l'extension réclamée par les besoins de chaque
terre et de tendre à changer le sol naturel, autant que le permet la persévé-
rance dans les moyens approuvés, en un
composé artificiel consistant en une terre
franche qui retient modérément l'eau,

du sable de rivière, auquel on peut aussi ajouter une petite quantité de fumier bien consommé.

Je vais maintenant citer les autorités suivantes, afin de mettre sous les yeux du lecteur les opinions des hommes éminens dans la pratique, qui ont traité la question de savoir quel est le sol le plus convenable à la constitution et aux habitudes du dahlia.

« Les georginas (dahlias) poussent mieux dans une terre franche, dans un lieu clair et ouvert, et qui n'est abrité ni d'arbres ni de murs. Comme la pomme de terre, ils épuisent considérablement le sol, et ne viendraient pas bien s'ils étaient à plusieurs reprises plantés au même lieu. (*Loudon, Encyclopédie des Jardins*, nouvelle édition, page 1156.)

« Le terrain le mieux adapté à la culture de ces plantes, (dahlias) est une terre franche, de couleur jaune ; si elle est récemment levée de la pelouse, elle n'en sera que plus favorable. (*Dale, registre d'horticulture.*) .

Ces deux autorités s'accordent donc à trouver que le sol le plus convenable à cette plante est une terre franche, et on emploie le sable pour ouvrir les pores et faciliter l'égouttement des terres, dont la contexture naturelle est particulièrement dure. Le sable, je n'en doute pas, peut être aussi employé avec avantage, là où le sol est trop riche ou trop empreint de matières végétales en décomposition, il préviendra ce luxe excessif de tiges et de feuillages, toujours ennemi de la production des bonnes fleurs. Le fumier de feuilles sèches peut, non seulement être employé dans les terres adhérentes comme un laxa- tif, mais aussi, l'être avec avantage quand la terre commence à se fatiguer ; il réparera ses forces, sans lui communi- quer cette fertilité et cette abondance non seulement inutiles, mais nuisibles à la formation de bonnes plantes et au dé- veloppement d'un grand nombre de bonnes fleurs.

D'après les remarques que je lui ai soumises, le lecteur ne peut manquer de comprendre quelle est la qualité de ter- rain qu'une expérience de trente années a fait recommander, par les hommes de pratique, comme la plus convenable à la culture du dahlia. Il y a très peu d'an- nées, tous les désirs et tous les efforts semblaient concentrés dans le but d'ob- tenir des plantes naines , déployant au-

dessus de leurs feuilles une grande quantité de fleurs. Ce résultat, comme on le
comprend bien, était obtenu uniquement
en élevant les dahlias dans une terre pauvre, mélangée avec du sable de rivière
en abondance; pratique assez commune
pour les plantes qui épuisent la terre,
tout en ne produisant que des feuilles et
des branches. Les mesembryanthemums,
par exemple, plantés dans un terroir
très stérile ou dans le pur sable de rivière, donnent généralement une grande
abondance de fleurs. Combien le but de
l'amateur est maintenant différent! au
lieu de plantes naines et qui n'ont d'é-
blouissant que le déploiement de leurs
fleurs, il s'attache à produire de belles
plantes, et de ces belles plantes il obtient des fleurs de mérite, d'une grande
dimension, de forme régulière, et qui

dans la forme et la disposition de leurs pétales montrent une belle symétrie. En tous cas, je suis d'avis que l'engrais employé en grande quantité est loin d'être profitable; qu'il soit utile en petite quantité, j'en conviens volontiers, mais administré à larges doses, je crois fermement qu'il agit d'une manière diamétralement contraire au but qu'on se propose dans la culture du dahlia.

J'ai établi dans une précédente partie de ce traité mes raisons de penser ainsi, et des expériences répétées m'ont convaincu qu'elles étaient fondées. Il est bien connu que le dahlia est originaire des plaines sablonneuses de Mexico, et quoique je n'ignore pas le fait que beaucoup de plantes ont été merveilleusement améliorées par la culture, et que dans ce pays quelques-unes ont été

amenées par une culture forcée à sur-
passer en grandeur et en beauté, les
plantes de la même espèce trouvées dans
leur état sauvage et naturel; cependant
nous devons nous garder de trop nous
éloigner des préceptes de la nature, de
peur qu'en voulant perfectionner, nous
ne fassions que détériorer. Peut-être
est-il impossible de trouver un plus
parfait exemple du degré où la culture
peut être portée, et des succès qu'on peut
y rencontrer, que celui qui nous est of-
fert par la *pensée* : cette fleur, comme
le dahlia, s'est élevée depuis quelques
années d'une insignifiance complète à
une place distinguée dans presque tous
les jardins. Mais nous n'en appellerons
pas aux précédens; sous ce rapport,
la nature est absolument ingouvernable
et capricieuse, et la seule expérience

peut apprendre l'effet que la culture forcée peut produire sur chaque plante.

Qu'on n'imagine pourtant pas que je suis ennemi de l'investigation, car au contraire, je regarde comme les meilleurs amis et les vrais patrons de l'horticulture, ceux qui s'exercent d'une manière infatigable à discerner quel traitement convient à chaque plante en particulier. Mais dans le cas présent, l'expérience a montré que le dahlia ne peut être amené à dévier matériellement, dans le choix du sol, de ses habitudes naturelles, et que si une fois nous avons recours à de grands efforts de culture, nous obtiendrons, il est vrai, des plantes grandes, fortes et vigoureuses, mais si nous voulons de bonnes fleurs, en grande abondance, d'une forme parfaite, dont les couleurs soient vives et franches,

nous devrons employer l'engrais à petite
dose et seulement à petite dose.

J'ai tout à l'heure cité en exemple, à
l'appui de ce principe, le genre *mesem-
bryanthemum,* et je puis mentionner encore le genre *œnothera,* dont la plupart
des espèces ne produisent de belles fleurs
à teintes franches que dans un terrain
très pauvre. Il serait inutile, je crois,
d'ajouter d'autres exemples, et si quelques-uns de mes lecteurs étaient disposés à contester la solidité de ces asser-
tions, je leur recommanderais d'essayer
l'effet de la culture forcée sur cette
plante, et ils se convaincraient bientôt
que ces opinions n'ont point été avan-
cées sans un mûr examen.

Quoique jusqu'à présent, il n'y ait eu
qu'un petit nombre de personnes émi-
nentes par leur habileté horticulturale,

qui aient réussi à produire des plantes du
premier ordre, j'ai la satisfaisante assu-
rance que d'ici à peu d'années, chaque
amateur et chaque paysan aura, le premier son parterre, le second ses plate-
bandes décorées de dahlias du plus haut
mérite; et que chaque individu, depuis
l'habile et savant fleuriste et le jardinier
du grand seigneur, jusqu'au simple
amateur et au paysan, est destiné, selon ses moyens, à arriver à un degré de
perfection dans la culture de cette plante
bien au-dessus de celui qu'elle a atteint
maintenant. En effet, le retour de chaque saison nous surprend par quelque
beauté nouvelle, et cela me donne confiance à affirmer que le dahlia surpassera, en dernière analyse, toutes les fleurs
qui ont jamais pu occuper l'attention des
horticulteurs. Ce qui ajoute au plaisir de

cette vue anticipée, c'est la certitude que,
comme la tulipe, cette fleur ne deviendra
pas la propriété exclusive du petit nombre que Dieu a favorisé de richesses,
mais qu'elle sera également la propriété
du grand seigneur, de l'amateur, de
l'ouvrier et du paysan : chaque jardin se
distinguera par ses dahlias dans lesquels
on verra briller tantôt une qualité, tantôt une autre, et par ce moyen, chaque
ville, chaque village, que dis-je, nos rues
et nos maisons travailleront à l'envi à
améliorer les mérites de cette fleur, à
rendre ses beautés de plus en plus ap-
préciées, de plus en plus dignes d'admiration.

Exposition.

Passons maintenant à ce qui concerne
l'exposition. Ainsi que la plupart des autres fleurs de plates-bandes, le dahlia
fleurit mieux à une exposition qui ne soit
pas sujette à l'égouttage des arbres, où
leur ombre ne puisse lui nuire, et où sa
croissance ne soit pas entravée par le
voisinage de plantes de sa propre espèce ou d'espèces étrangères. Il se plaît
surtout dans une position où il puisse
constamment recevoir les rayons vivi-

fians et fortifians du soleil, depuis le moment où il se lève dans sa gloire mati-
nale, jusqu'au moment de son coucher à
l'Occident. En effet, la production de
plantes vigoureuses et conséquemment
de bonnes fleurs, dépend à un tel degré,
de leur plantation dans un lieu découvert, qu'il devient indispensable de veil-
ler à ce soin avec une constante attention. Je n'entends pas affirmer que les
dahlias plantés dans les planches d'un
parterre ou sur les bords d'un massif,
ne pousseront pas et ne fleuriront pas,
de manière à produire un bon effet
d'ornement, car j'ai vu, au contraire, de
très belles fleurs obtenues de plantes
ainsi placées; mais ces exemples ne
peuvent être considérés que comme des
exceptions et ne doivent pas servir de
règle. Je ne pense pas qu'on puisse

trouver quelqu'un assez ignorant pour
prétendre qu'une exposition étouffée et
ombragée puisse convenir à la culture
de cette plante. Nous avons fait observer précédemment que le dahlia, dans
son état natif, avait été trouvé dans des
plaines découvertes : nous devons apprendre de cette circonstance, ainsi que
d'une expérience de plusieurs années,
que pour s'élever à la perfection, cette
plante demande une exposition très ouverte. Pour atteindre ce but important,
il faudra choisir une plaine ou espace de
terre bien aéré, et mettre un soin particulier à faire choix d'un lieu exposé au
sud, à l'est et à l'ouest; de façon que les
plantes puissent recevoir le bienfait entier de l'influence du soleil. Je men-
tionne ces trois aspects, parce qu'il est
absolument essentiel qu'ils demeurent

ouverts; quant à l'aspect du nord, il est
tout-à-fait indifférent que les plantes y
soient ou non ombragées.

Il est aussi important que la situation
choisie ne le soit pas dans une partie
basse et extrêmement humide du jardin;
mais qu'elle se trouve, autant que possible, au-dessus du niveau des terrains
environnans : car, quoique la première
de ces situations garantisse une plus
constante provision d'humidité durant
l'été, elle pourrait plutôt nuire aux tubercules pendant les mois de l'automne,
(si souvent pluvieux en ce pays), en les
imbibant d'eau de façon à rendre impossible de les sécher suffisamment, pour
les conserver pendant l'hiver. Toutefois,
il ne faudrait pas me supposer absolument opposé au système de planter les
dahlias sur les bords des massifs ou dans

d'autres parties des parterres : mais comme, par ce procédé, ni les plantes ni les fleurs, ne sont jamais amenées à un état de perfection, sauf un petit nombre d'exemples isolés, il sera à propos de n'employer à cet effet que des espèces communes et inférieures, et de réserver pour les plates-bandes celles de la première classe et d'un mérite supérieur.

Une excellente exposition pour planter les dahlias, et une des mieux calculées pour montrer leurs fleurs avec le plus d'avantage, est un plan incliné, découvert, qui s'élève graduellement d'une manière naturelle ou artificielle, au bas duquel serpente une allée, vers lequel il est tourné. Dans cette position, les fleurs se présentent aux regards avec toute la variété de formes possible, et comme on peut saisir d'un seul coup d'œil l'ensem-

ble des plantes et des fleurs, l'effet général en est vraiment magnifique. En
mettant à part les plantes pour cet objet, on devra prendre soin de réserver
pour le derrière du *talus* les plantes de la
plus forte taille, et placer sur le devant
les espèces naines, et remplir l'espace
intermédiaire de façon que lorsque tout
est fleuri, il en résulte un amphithéâtre graduel et non interrompu, depuis la base jusqu'au sommet du plan
incliné. Dans, cette situation on devra
planter les dahlias à deux pieds de distance les uns des autres en tout sens;
laissant seulement l'espace suffisant pour
que la tête des plantes s'épanouisse et
occupe toute la place lorsqu'elles sont
arrivées à leur entière croissance, et
dans le but aussi d'une distribution plus
régulière des fleurs dans tout l'ensemble.

Il est également important que les espèces soient arrangées de façon à présenter un agréable mélange et une
grande variété de couleurs.

Lorsque des talus semblables sont
placés parallèlement de chaque côté de
l'allée, et ont leurs bords échancrés avec
goût, par des renfoncemens irréguliers
de trois à dix pieds de profondeur,
quand on a soin aussi de donner à la surface une légère et agréable ondulation,
il est impossible de décrire la beauté et
la grandeur de ce spectacle à l'époque
de la floraison complète, et je suis persuadé qu'on ne saurait trouver dans tout
le règne végétal, une autre famille de
plantes dont les beautés combinées produisent un développement de fleurs plus
riche, plus brillant et plus varié.

Propagation.

Après avoir indiqué les terrains et la situation les mieux adaptés à la culture de cette plante, je dois mettre à présent sous les yeux du lecteur les moyens de la propager, qui sont fort simples. Cette opération peut être faite de diverses manières, et je vais d'abord parler des moyens de multiplier les espèces anciennes et connues.

A peu près à la dernière moitié de février ou au commencement de mars, après avoir préparé une couche de litière

et de feuilles, et placé par-dessus un
châssis vitré de la grandeur nécessaire,
répandez sur cette couche une certaine
quantité de terreau composé de sable,
de vieilles écorces et de feuilles en partie
décomposées, à l'épaisseur de trois pouces : si la vapeur produite par la fer-
mentation est douce et modérée, cou-
chez les racines sur les matières ci-dessus décrites aussi près que possible l'une
de l'autre : après quoi, répandez par-
dessus un peu de vieilles feuilles et
d'écorces, ou quelque autre terreau léger, en observant de ne pas couvrir les
yeux. En cet état, les racines doivent
être de temps à autre arrosées d'une eau
tiède : et si, lorsqu'elles auront été ainsi
placées sur cette couche, il s'élève une
vapeur grasse et épaisse, les verres du
châssis devront être un peu levés la nuit

comme le jour, tant que cette vapeur
subsistera. La douce chaleur de ce fonds,
qui, si elle était violente, ferait pourrir
les tubercules, fera promptement germer les yeux. Quand les jets auront atteint la hauteur de trois ou quatre pouces, il faudra couper ces tiges à leur
base; si ces pousses étaient abondantes,
il faudrait toujours les prendre avec une
portion de la couronne, ce qui est un
moyen beaucoup plus probable d'assurer le succès. Lorsqu'on a besoin d'un
grand nombre de sujets d'une espèce
particulière, on peut faire la coupure
juste au-dessous d'un nœud, en laissant
à la base du surgeon un ou deux yeux :
ces derniers produiront promptement de
nouvelles pousses que l'on continuera
d'enlever de la même manière. Un autre
moyen de faire lever ces plantes consiste

à les placer dans des pots de grandeur suffisante, et à couvrir les racines d'une terre légère en laissant les couronnes exposées; puis on remplit le fonds d'une serre à vignes, ou de quelque autre serre à primeurs, de terreau préalablement renforcé, et qui produit, ainsi placé, une agréable chaleur : enfoncez les pots contenant les dahlias dans ce terreau jusqu'aux bords. La chaleur provenant du terreau aussi bien que celle du feu entretenu dans la serre, féra bientôt entrer les yeux en végétation. Ce moyen offre quelques avantages sur celui que j'ai décrit auparavant. Par l'emploi de cette méthode, les plantes se conservent distinctes et peuvent être prises et examinées à chaque moment, et il en résulte une plus grande facilité pour lever les boutures. Dans les deux cas, il faut pla-

cer les plantes aussi près que possible
des verres du châssis ou de la serre, de
façon que les pousses soient courtes, fortes
et bien portantes. Si on leur permettait
de pousser longues et faibles, elles seraient très exposées à périr, ou si elles
vivaient, elles ne produiraient jamais de
bonnes plantes.

Il est bien entendu que les racines
d'où les jeunes pousses auront été coupées, devront être jetées quand on en
aura obtenu la quantité voulue, car il est
plus que probable que si on les gardait,
elles ne produiraient pas d'yeux dans la
saison suivante.

Après que les boutures auront été levées, placez-les une à une dans de petits
pots remplis d'une terre franche, légère,
mêlée de sable, et mettez-les sur le devant d'un châssis ou sur les tablettes

d'une serre chaude, en ayant soin de les tenir près des vitres; car de même que pour la mère-plante, si vous les laissez pousser faibles à cette époque, toutes leurs parties se montreront plus tard très défectueuses. Après que ces boutures auront été empotées, chacune d'elles devra recevoir un secours très modéré d'eau tiède, et on fera grande attention de les mettre à l'abri de l'influence immédiate du soleil, car si elles l'avaient subie une fois, elles s'en relèveraient difficilement. On continuera ainsi jusqu'à ce qu'elles aient formé leurs racines, ce qu'elles doivent faire en un peu moins de quinze jours. Pendant ce temps il faudra leur administrer l'eau avec économie et discernement, observant de ne pas mouiller les feuilles, et de ne pas maintenir l'atmosphère de la serre ou de la bâche trop humide.

L'air extérieur devra être admis quand le temps sera beau et l'atmosphère du dehors sèche, et il faut leur donner autant de lumière que possible, sans les exposer aux rayons directs du soleil : auxquels pourtant il faut les accoutumer graduellement après que la première semaine sera passée, se souvenant toujours de les couvrir la nuit d'une natte ou de quelque autre objet, à moins que le temps ne soit décidément chaud.

Quand les plantes auront leurs racines, elles pourront être considérées comme établies, et tout ce qui est alors nécessaire, est de les transplanter dans d'autres pots plus grands, au fur et à mesure qu'elles en auront besoin, et de les accoutumer graduellement à une tempé-

rature moins élevée, jusqu'à ce qu'elles
soient capables de supporter l'air extérieur : on atteindra facilement ce but
en les plaçant d'abord dans une pièce
plus fraîche, ensuite dans une pièce
froide et finalement en les exposant à l'atmosphère naturelle avant de les mettre
en pleine terre. Mais ceci ne doit pas
être fait, sans avoir pris toutes les précautions nécessaires pour les préserver
des vents froids, et des autres ennemis
qui pourraient leur nuire pendant une
époque si précaire de leur existence.
Quand on n'a pas à sa disposition les
châssis ou autres facilités pour forcer
le développement des boutures, et pour
recevoir les jeunes plantes quand elles
sont enracinées, empotées et bien établies, il faudra les placer dans une
partie claire d'une maison d'habitation,

et on y entretiendra une chaleur suffisante pour empêcher la gelée.

Les remarques précédentes, comme
on l'a vu, sont uniquement consacrées à
ce qu'on appelle la propagation par
boutures. Je vais maintenant m'occuper
de la méthode qui multiplie les plantes en
greffant les tubercules; greffer les racines est un procédé très avantageux,
quand les espèces sont de choix et les
boutures faibles ou malades, car les
plantes produites de cette manière, sont
bonnes à placer dehors beaucoup plus tôt
que celles produites de boutures. Des
racines d'une qualité inférieure seront
parfaitement suffisantes comme sujets
pour recevoir la greffe. Quand les boutures de l'espèce que vous désirez propager sont poussées, cassez de petits
tubercules de la racine destinée à la

greffe; avec un canif bien affilé, fendez-les de deux pouces du haut en bas, en faisant l'incision sur un seul côté, et à peu près à la moitié du tubercule; alors, coupez le bout du scion en forme de coin et mettez-le dans l'incision faite au tubercule. Après avoir lié solidement la racine avec un jonc, placez-la dans un pot, et traitez-la précisément comme une bouture. J'insère ici, comme une description excellente et très détaillée de cette méthode de se procurer de jeunes plantes, l'article qui suit, tiré des trans. hort. de *Blake*, tome IV, p. 476, auquel nous devons la première indication de ce moyen de multiplier les espèces en Angleterre.

« Les boutures destinées à la greffe doivent être fortes, courtes, et porter au moins deux jointures ou boutons. Il faut se les procurer le plus tôt qu'il sera possible dans la saison : quand on les aura obtenues, choisir un bon tubercule d'une espèce simple, prenant de préférence ceux qui n'ont pas d'yeux. Un instrument très aiguisé est indispensable pour pratiquer cette opération avec succès, car un tranchant émoussé déchirerait la chair des racines, la rendrait dentelée, et empêcherait une adhésion complète. Coupez donc, avec un canif bien affilé, une tranche de la partie supérieure de la racine, faisant au fonds de la partie ainsi coupée un rebord pour poser la greffe : je recommande ceci, parce que vous ne pouvez pas manier la greffe comme vous le feriez d'un jet d'arbre, et que ce rebord est utile pour maintenir la bouture à sa place tandis que vous l'attacherez. Coupez ensuite le

scion obliquement, et de manière qu'un
œil se trouve au fond et repose dans le
petit creux dont il a été précédemment
parlé. Il est possible de greffer avec
succès sans ce petit rebord, si l'écusson
a été bien fixé dans le tubercule, mais
la besogne sera moins proprement
faite.

C'est un avantage, et non une nécessité absolue qu'un joint se trouve au
bout du scion, car il pourra accidentel-
lement pousser de nouvelles racines de
ce joint inférieur; la tige se formant
dans le joint supérieur, il faut tâcher
d'avoir des boutures dont les deux joints
inférieurs soient très rapprochés. Quand
la greffe sera liée, il faudra placer autour de la terre glaise semblable à celle
qu'on emploie pour la greffe ordinaire;
cela fait, mettez la racine dans un bon

terreau, en un pot d'une dimension qui vous permette d'ensevelir la greffe à moitié dans le terreau, placez le pot à une douce chaleur sur le devant d'un châssis à melon, si dans le moment vous en avez un en fonction. Je dis de préférence le devant du châssis, comme offrant une plus grande commodité d'abriter et d'arroser selon le besoin. On pourra placer ou ne point placer, à son choix, sur cette racine greffée, une cloche à boutures. Au bout de trois semaines il faudra la transplanter dans un pot plus grand, si comme il est probable, il est encore trop tôt pour planter la racine dans les plates-bandes. En effet, en supposant le travail commencé en mars, la plante ne pourra sortir avant la fin de mai, de sorte que le changement de pots sera fort essentiel pour accélérer la croissance jusqu'à la saison convenable pour les planter dehors.»

Nous trouvons dans *Nash, Loudon's Gard. Mag.*, volume VII, page 38, les détails suivans sur les opérations de la greffe : « Des racines inférieures devront être gardées sèches et dans un état inactif comme sujets propres à la greffe. Quand les boutures de l'espèce qu'on désire propager seront prêtes, il faudra prendre dans les racines dormantes de simples tubercules, et y pratiquer une fente de haut en bas, de deux pouces de longueur. Le scion coupé en forme de coin s'introduit alors dans l'incision faite au tubercule, après quoi il faut le lier fortement avec du jonc. La greffe doit être alors mise dans un petit pot et placée en serre chaude. »

Lorsqu'il n'est possible de se procu-

rer au moment de la propagation, ni
matériaux propres à hâter la végétation,
ni les facilités d'une serre ou d'un châssis, ni aucune des autres protections dont
nous avons parlé précédemment, ou
lorsqu'il n'est pas possible de consacrer
le temps et l'attention nécessaires aux
moyens détaillés plus haut pour la propagation; on gardera les racines dormantes jusqu'en mai : à cette époque
elles seront plantées dehors, d'une seule
fois, dans le parterre découvert où elles
sont destinées à fleurir; on prendra toutefois la précaution de les abriter d'une
cloche de verre, ou de quelque autre
manière, pendant les mauvais temps,
c'est-à-dire tant que dureront les froids
piquans et les gelées de nuit.

En plantant de cette façon, il faut
prendre garde de couvrir les couronnes

ou yeux, et avoir grand soin d'empêcher le trop d'humidité. Lorsque les
bourgeons auront poussé et atteint une
hauteur de trois ou quatre pouces, cou-
pez-les en laissant, s'il est possible, une
portion de la racine attachée après, et
placez-les isolément en terre légère dans
de petits pots, ou bien plantez-les au
midi dans une plate-bande bien ouverte
à l'air, et dont le sol soit léger. Ayez
soin de les mettre à l'ombre et de les
protéger contre la chaleur du soleil ou
l'intensité du froid. Je crois devoir in-
sister ici sur la pratique que j'ai déjà recommandée, d'empoter les boutures isolément, car je sais que plusieurs cultivateurs placent dix, douze boutures ou
plus encore dans un seul grand pot, et
cela, je présume, dans le but d'abréger
le travail; mais en vérité, on ne saurait

concevoir une plus complète erreur : car je le demande, qu'est-ce qui donne le plus de peine, ou de placer un grand nombre de boutures dans un seul pot, et lorsqu'elles ont repris, de les mettre une à une dans de petits pots, ou bien de les y placer isolément dès le principe? sans doute, il n'est pas besoin d'argument pour soutenir cette dernière méthode. On pourrait cependant alléguer que dans le cas où les boutures ne réussiraient pas, la peine qu'elles auraient causée serait entièrement perdue : à quoi je réponds, que si les boutures ont été levées avec soin, si elles ont été judicieusement gouvernées, il n'en manquera pas une sur cent.

La seule chose qu'il serait possible de dire contre cette manière de procéder, c'est que les boutures étant dès le commencement placées une à une dans les pots, occuperont une plus grande surface dans une saison où chaque pouce du terrain d'une serre est précieux. Mais cela ne saurait avoir d'inconvéniens réels que pour les fleuristes et les faiseurs d'élèves, car je présume qu'il y a peu de jardiniers et d'amateurs qui ne puissent épargner un espace suffisant à leurs dahlias, pour qu'ils puissent être empottés isolément quelques semaines plus tôt. Je ne prétends point que ce système doive être appliqué à toute autre espèce de plantes, mais quant aux dahlias je puis affirmer qu'on s'épargnera beaucoup de peine inutile, on favorisera la prompte production des plantes, et on en assurera la réussite en plaçant les boutures une à une dans de petits pots, aussitôt qu'elles auront été coupées.

Une autre méthode de propagation en plein air consiste à placer le tubercule entier à une exposition chaude, une plate-bande au midi est la plus favorable, et à les couvrir, sauf les couronnes, de terre légère, mêlée de feuilles et d'écorces décomposées; il faut avoir soin de les préserver de la gelée et des autres dangers dont elles pourraient être menacées.

Quand les jets ont poussé et sont hauts d'un ou deux pouces, on peut diviser les racines en autant de morceaux qu'on le désire, en prenant soin qu'il se trouve un ou deux bourgeons sur chaque morceau. Si les racines étaient restées étendues sur les tablettes d'une orangerie, d'une serre à vigne ou à pêches, ou même dans une cave ou dans un fruitier, il pourrait arriver qu'elles germassent tolérablement, et elles pourraient être partagées en deux ou trois, tout aussi bien que des racines choisies pour boutures. Il arrive même souvent que les plantes élevées par l'un ou l'autre de ces derniers moyens, deviennent plus fortes et fleurissent mieux que celles qu'on fait développer plus tôt dans la saison, par le secours d'une chaleur artificielle.

La question de savoir si la chaleur artificielle est, ou n'est pas nécessaire à la propagation du dahlia, a soulevé une grande controverse entre les cultivateurs. Pour moi, je crois, en thèse générale, la chaleur artificielle indispensable à la culture entreprise sur une grande échelle; mais quand le cultivateur désire seulement obtenir quelques plantes de chaque espèce pour son propre jardin, je ne suis pas disposé à dire qu'il n'obtiendra pas de plus belles et de meilleures fleurs, en n'appliquant aucun moyen de chaleur artificielle à la propagation.

Cette opinion pourra peut-être sembler ridicule et absurde à plusieurs fleuristes éminens, mais j'en appelle à tous ceux qui ont acheté des plantes aux marchands de fleurs et aux fleuristes, ne les ont-ils pas presque toujours trouvées faibles et grêles, manquant de cette *beauté* et de cette *bonté* que possèdent les plantes qu'ils ont eux-mêmes cultivées? Et quelle peut en être la raison? évidemment et uniquement de ce que les marchands et les fleuristes, dans leur désir de produire en peu de temps un grand nombre de jeunes plantes, les placent dans une température trop élevée, et les rendent ainsi inférieures à celles qui n'ont pas été si

vivement hâtées. Je ne prétends pas, as-
surément, affirmer que les dahlias seront
multipliés avec plus de succès, ni qu'invariablement les bons produits seront
augmentés par la seule suppression de la
chaleur artificielle; car on pourrait m'ob-
jecter que les plantes élevées sans aucun
secours de chaleur artificielle, ne produiront pas leurs fleurs d'aussi bonne
heure dans la saison que celles auxquelles la chaleur aura été appliquée, et
que par conséquent elles n'arriveront
pas à la perfection avant que la gelée
ne vienne les détruire. Cette objection
ne peut pourtant en aucune manière
être considérée comme fatale, puisqu'en
beaucoup de cas elle n'aura pas d'application. Je regarde cette question
comme digne de toute l'attention des
amateurs de dahlias, non seulement par

l'amélioration qui peut en résulter pour les plantes et les fleurs, mais encore parce que, s'il était démontré qu'on peut se passer de chaleur artificielle, on épargnerait beaucoup de peines et de dépense. Avant de quitter ce sujet, je risquerai cependant d'affirmer sans crainte d'être contredit, que moins la chaleur artificielle est employée dans la propagation des espèces anciennes et connues du dahlia, et plus la plante est forte et bien portante, plus les fleurs sont belles et riches de couleurs, et plus chaque partie de la fleur se montre avec ses véritables et désirables caractères.

Il y a encore une autre méthode de propager les variétés anciennes de cette plante qui mérite une courte mention. Elle consiste en boutures prises sur la plante en automne. Ce moyen n'est

guère employé que pour des espèces
extrêmement rares, et dans tous les
autres cas, il est absolument hors
d'usage. Pour en faciliter l'effet, les
boutures doivent être prises sur la
première pousse latérale, et on choisit
toujours de préférence l'extrémité
des scions, en enlevant les boutures
juste au-dessous du troisième ou quatrième joint à partir du sommet. Cela
fait, placez-les isolément dans de petits
pots, et gardez-les sans châssis jusqu'à
ce qu'elles aient repris; alors il faudra
les replanter en des pots plus grands,
et les accoutumer graduellement, mais
promptement, à l'air extérieur. Si ces
boutures sont prises de très bonne
heure dans la saison, et, au lieu d'être
plantées en pleine terre, sont gardées
dans de grands pots et plongées dans le

terreau d'une couche, elles pourront
fleurir et former de bonnes racines avant
l'apparition des gelées. Mais au commencement d'octobre, si les racines ne
sont pas considérées comme suffisamment formées, les pots seront levés de
terre, et gardés dans la serre ou sous le
chassis, jusqu'à ce que les tubercules
aient atteint toute leur croissance. Il y a
aussi un système mis en pratique par
quelques cultivateurs, qui consiste à
prendre des boutures en automne, et,
après les avoir plantées, à les conserver
pendant l'hiver avec leurs feuilles, toutes
prêtes à être mises dehors, au printemps.
Mais il y a une foule d'objections à faire
à cette méthode, et aucun de ces derniers
systèmes ne doit être adopté, à moins
qu'il ne s'agisse d'espèces rares et de
grand prix.

Replantage.

Ayant ainsi détaillé les moyens divers de propager les variétés anciennes et connues du dahlia, et le traitement requis pour les mettre en état d'être plantés en pleine terre, je vais à présent indiquer le temps et la manière de le faire. La distance à laquelle les plantes doivent être l'une de l'autre, est un point qui demande quelque considération et qui dépend en grande partie du goût de l'amateur.

Certaines personnes veulent un grand nombre de fleurs, uniquement pour obtenir un effet d'ensemble, accordant peu ou point d'attention au mérite individuel: tandis que d'autres préfèrent celles qui possèdent un mérite qui les rende capables d'être mises sans désavantage, en parallèleavec d'autres individus. Si donc, il s'agit d'un développement de fleurs sans limite, je ne puis, pour atteindre ce but, donner une direction conçue en meilleurs termes que cette instruction que j'emprunte à M. Sabine :

« Les georginas (dahlias), font mieux en grande masse et sans mélange d'autres plantes : pour les disposer ainsi, quelque coquetterie est nécessaire dans la distribution des espèces, afin d'obtenir une heureuse variété de couleurs; et il faut aussi un soin particulier

à garder les espèces les plus hautes,
soit pour le centre ou pour le derrière du
massif, selon qu'il est destiné à être vu
d'un côté seulement ou de tous les côtés; et pour placer le tout de façon à ce
qu'il n'y ait aucune inégalité dans la forme
générale du massif entier, par rapport
à la hauteur respective des fleurs. Dans
ce but, les tubercules devront être plantés
à trois pieds l'un de l'autre en tous sens,
à cette distance chacun d'eux sera suffisamment séparé, et pourtant assez
uni pour que l'ensemble du massif ait
l'apparence d'une pleine forêt de georginas. »

A ces remarques il serait superflu de
rien ajouter, sinon que je suis parfaitement d'accord avec M. Sabine, sur l'effet produit par les dahlias, quand ils sont
plantés seuls en grande masse, car il est

impossible d'imaginer un coup d'œil plus frappant et plus magnifique que celui que présente une masse non interrompue de dahlias de toutes couleurs. Je pourrais observer cependant que si les plantes étaient placées par rang, à trois pieds de distance les unes des autres, il faudrait laisser au moins quatre pieds d'intervalle entre les rangs pour qu'il fût facile d'élaguer, lier, examiner et arracher les fleurs.

Quand les dahlias seront élevés sur les deux côtés d'une allée en avenue, ce qui produit un effet très imposant, il suffira de les planter à peu près à deux pieds et demi de distance l'un de l'autre, car, dans ce cas, on pourra les cultiver de l'allée. Quant aux fleurs destinées aux concours, on laissera entre chacune d'elles la distance nécessaire pour qu'une personne puisse marcher librement dans le but de les dresser, élaguer, et de leur donner les autres soins dont elles ont besoin. Le meilleur système pour élever des fleurs destinées aux concours, est de les planter par lits longitudinaires légèrement élevés, d'à peu près trois ou quatre pieds de largeur, pour un seul rang de dahlias, et de six pieds pour deux rangs, ce qui est, de beaucoup, le meilleur plan et le plus économique. Entre ces lits il y aura des allées parallèles, larges d'un ou deux pieds, et de cette sorte les plantes pourront être regardées, examinées, nettoyées, sans que la terre soit foulée autour des racines, ce qui est toujours plus ou moins fâcheux.

On devra placer dans des plans ainsi disposés, les fleurs à trois pieds l'une de l'autre, si on les met sur un seul rang, rieure des dahlias ne doit jamais être plus de trois pouces au-dessous de la surface de la terre. Quand cette opération est faite et la terre placée soigneusement autour des racines, arrosez un peu dans le but d'asseoir la terre. Pendant quelque temps après avoir planté, il sera nécessaire d'administrer une petite quantité d'eau dans la soirée de chaque jour, après quoi un pot à fleur de moyenne grandeur sera placé, renversé sur chaque plante, et enlevé le matin quand le temps sera favorable. Si l'action du soleil était trop forte, et faisait flétrir les plantes, elles pourraient être mises à l'ombre, en fichant en terre quelques branches de laurier commun ou de quelque autre arbuste, du côté où la plante est le plus exposée au soleil. Pendant toute la durée de leur croissance, il faut faire

attention de maintenir autour des racines
une humidité modérée; et si la pluie ne
remplace pas l'eau, il faut les arroser
à la main, car la sécheresse cause un
grand dommage aux racines. Ici pourtant il est nécessaire de prémunir contre
le danger de les mouiller immodérément, car on a déjà fait observer plus
haut que la moindre surabondance d'humidité, produit un effet pernicieux en di-
minuant la quantité et en nuisant à la qualité des fleurs. Certaines personnes préfèrent arroser le matin; mais moi, je
crois que le meilleur moment de le faire
est le soir : à ce moment, en effet, le
danger de la chaleur du soleil succédant
à un arrosement matinal, n'existe plus,
et en couvrant les plantes à la nuit avec
un pot à fleur, comme il a été dit plus
haut, on ne peut avoir aucune crainte

des injures que pourraient leur causer de légères gelées, quand bien même il en viendrait.

Dans un temps chaud, pour prévenir l'évaporation trop rapide du sol, on recommande de placer sur les racines et à deux pieds autour de la tige, un lit de mousse ou d'écorces et de ramilles d'arbres : cet usage, outre qu'il aide à conserver la fraîcheur autour des racines, passe encore pour donner plus de vivacité aux couleurs des fleurs unies, mais aussi peut nuire aux fleurs rayées et pointillées. Quoique l'usage des substances indiquées ci-dessus, réponde parfaitement au but pour lequel on les emploie, il ne faut y recourir qu'avec une extrême précaution, car elles offrent un refuge assuré aux perce-oreilles et autres insectes qui mangent les pétales, défigu-

rent la fleur et font tort à la plante. Je
les ai indiquées pour montrer qu'elles
peuvent être utiles en prévenant une excessive sécheresse, plutôt que pour en
recommander l'emploi constant. Quant à
l'habitude d'employer pour cet objet du
terreau consommé, je n'ai aucune objection à y faire : le fumier de vache nouveau est peut-être le plus approprié à cet
usage, car il est efficient pour maintenir
la terre fraîche et conserver une certaine humidité aux tubercules, et en
même temps il n'est point susceptible de
servir de refuge aux insectes; il peut donc
être libéralement employé autour de la
tige de chaque plante, à une distance
d'environ deux pieds. Quelques personnes attribuent à l'emploi de l'eau de
fumier, la vertu de rendre les plantes

plus fortes et les fleurs plus belles; mais
je m'élève dans les termes les plus éner-
giques contre ce système; j'accorderai
que les plantes puissent être par là,
rendues plus fortes, mais je suis convaincu que ce système détruit complètement les qualités et le caractère de
la fleur. On pourra voir mes objections
contre ce système plus pleinement établies et développées dans les remarques
sur l'emploi immodéré du fumier, con-
tenues dans une précédente partie de ce
petit ouvrage. Il est bien vrai que si l'eau
était donnée abondamment aux plantes
dont les racines sont entourées de fumier, l'effet serait le même, et ce serait
précisément comme d'arroser avec de
l'eau de fumier, mais quand l'engrais est
employé avec ménagement et de la ma-

nière déjà indiquée, on sera tout-à-fait dispensé d'arroser, car le fumier conservera autour des racines une quantité suffisante d'humidité.

Productions de variétés.

Je vais maintenant procéder à l'énu-
mération des moyens nécessaires à employer pour la production de nouvelles
et diverses variétés de cette plante; et
dans ce but, la nature elle-même a préparé des moyens simples et certains, par
lesquels on obtient des variétés d'espèces infinies. Il est presque inutile de dire
que ce moyen consiste en *semis*. Les
cultivateurs diffèrent entre eux sur la

question de savoir s'il est nécessaire de
féconder artificiellement les fleurs dont
on a l'intention de prendre la semence,
et des opinions très diverses ont été
émises à ce sujet. Il ne m'appartient pas
de décider laquelle de ces opinions est
fondée ou erronée, mais je regarde cette
fécondation artificielle comme n'étant
jamais inutile, et j'en recommande
même la pratique comme n'offrant ni
difficulté ni ennui, et pouvant produire
beaucoup de bien.

Dans le but de se procurer de bonnes
semences, je conseille de planter isolément quelques individus d'espèce rare et
choisie, d'en élaguer les tiges aussitôt
qu'elles paraissent, et d'en laisser seulement un petit nombre des plus belles.
En général, les premières fleurs qui épanouissent ne sont jamais bonnes, elles

seront coupées aussitôt que poussées; on
en conservera vingt ou trente pour la
semence, et toutes les autres seront en-
levées aussitôt que parues. De ces fleurs
ainsi conservées, on choisira les plus
belles et les mieux formées, et sitôt que
le disque commence à s'en montrer, on
les couvrira de mousseline ou de gaze
pour empêcher toute fécondation naturelle de quelque espèce inférieure, apportée soit par les abeilles, soit par le
vent. A mesure que les fleurons s'ou-
vrent, on y introduit le pollen d'autres
variétés de couleurs opposées deux ou
trois jours de suite avec un pinceau de
poil de chameau, et on continue cette
opération aussi long-temps que les fleurons s'épanouissent, en prenant soin de
garder les fleurs couvertes, comme il a
été dit, jusqu'à ce qu'elles soient à l'abri

d'une fécondation fâcheuse que les abeilles, le vent ou toute autre cause fortuite pourrait apporter.

Il a été beaucoup discuté par divers auteurs, pour savoir sur quel rang de fleurons il vaut mieux accomplir cette opération, mais je suis d'avis que c'est une ridicule et puérile chicane, car il est très indifférent que tel ou tel rang de fleurons soit choisi pour cet objet, et je recommande de féconder la totalité des pistils.

En recueillant la graine, cependant, il faudra rejeter le cercle extérieur de semence qui, généralement, ne produit que des fleurs simples, et rejeter aussi la graine de l'extrême centre presque toujours imparfaitement formée. Il n'est peut-être pas nécessaire d'ajouter que les fleurs imprégnées de cette façon dévront être marquées pour qu'on puisse les distinguer de celles qui n'auront point subi cette opération.

Je prévois que plusieurs considéreront tous les détails de ces opérations comme inutiles : mais si la personne qui les met en pratique réussit à élever un plus grand nombre d'espèces nouvelles et supérieures, que l'individu qui les rejette et les méprise, ce qui arrivera, j'en suis certain, elle sera amplement récompensée du léger travail que je lui demande. Aussitôt que les graines seront suffisamment mûres, recueillez-les par un beau jour, et quand vous les aurez fait sécher, il faudra les tirer de la coque dans laquelle elles pourraient moisir, et les garder en lieu sec jusqu'au temps de semer.

Environ au milieu ou à la fin de fé-

vrier, semez les graines soit sur couche, soit en des terrines pleines de terre légère et substantielle, que vous placerez dans une serre ou sous un chassis où elles puissent être tenues près des vitres et librement exposées au jour.

Aussitôt que les feuilles des graines se seront convenablement développées, elles seront repiquées dans une autre couche à la distance d'un pouce l'une de l'autre, et on les gardera dans la serre ou sous le chassis en ayant soin d'arroser, abriter, etc., jusqu'à ce qu'elles aient atteint la hauteur de deux pouces. On pourra alors les mettre dans de petits pots, et on les accoutumera graduellement à une température moins élevée, pour les amener à supporter le plein air : on les transplantera dans des pots plus grands, à mesure que cela deviendra nécessaire, et par-dessus tout, on continuera de les tenir aussi près des vitres que possible. Il est inutile de répéter ici les instructions que j'ai recommandées plus haut, pour fortifier et diriger les jeunes plantes : on trouvera ces instructions dans une partie précédente de ce traité où je m'occupe de la propagation par boutures.

Quand les plantes sont arrivées à l'état convenable de force et de maturité, pour être placées en pleine terre, elles devront être plantées par ordre dans les compartimens du jardin, suivant les règles données plus haut pour la plantation des variétés anciennes ou nouvelles : il faudra les placer à peu près à trois pieds l'une de l'autre, de façon à ce qu'il y ait entre elles un espace suffisant à marcher autour, pour examiner les fleurs, car tant que les jets venus de graines n'ont pas montré leurs fleurs, il est impossible d'en déterminer les qualités. Quelques personnes, il est vrai, prétendent avoir le don de prédire à l'avance les couleurs des fleurs par celle de la tige, mais il n'existe réellement, jusqu'à présent, aucune règle sur laquelle on puisse fonder une certitude : et en vérité, quand il serait possible de se former une idée exacte de la couleur que les fleurs pourront avoir, je ne saurais imaginer quel avantage il en résulterait, car il me reste encore à apprendre qu'une couleur est préférable aux autres si elles sont riches et franches. Il est de même impossible de prédire si les fleurs seront doubles ou simples, et je regarde comme futiles tous les moyens de s'assurer de la couleur des fleurs avant qu'elles ne soient épanouies.

Je vais pourtant brièvement et sommairement mettre sous les yeux du lecteur les opinions ordinairement reçues sur ce sujet :

Les plantes à tiges entièrement vertes, le plus souvent produisent des fleurs blanches; celles dont les tiges sont blanchâtres ou roussâtres, donnent assez fréquemment des fleurs rosées ou jaune clair, et celles dont les tiges sont brunes ou pourpre, produisent presque invariablement les fleurs des couleurs les plus sombres.

Après avoir été plantés, les jets venus de graines devront être soutenus, et on placera à chacun d'eux un tuteur, comme il a été dit pour les espèces anciennes et connues. Sitôt que la floraison commence il faudra les visiter de très bonne heure dans la matinée de chaque jour; c'est le meilleur moment de s'assurer de leurs nuances, car après que le soleil a lui sur elles, les couleurs sont quelquefois entièrement changées. Les plantes qui ne seront pas jugées dignes d'être gardées, seront aussi arrachées, afin qu'elles n'épuisent pas le sol inutilement; et on ne permettra pas à celles qui se montreront bonnes et dignes de prix, de fleurir immodérément, pour que les racines conservent plus de nourriture, et soient plus en état de produire de fortes plantes, la saison suivante.

Beaucoup d'auteurs recommandent en parlant de la culture du dahlia, de lever de terre et de mettre en pots les plantes venues de graines qui se montrent belles, et de les placer dans la serre pour y fleurir ; mais ils ne nous ont pas révélé les avantages à tirer de ce mode de traitement.

Sans doute, si la plante produite de graines ne fleurit que lorsque la saison est déjà très avancée, il peut être nécessaire de recourir à ce moyen pour obtenir une idée plus juste de son vrai caractère, mais dans ce cas même, le grand dommage qu'elle recevrait de la transplantation, causerait un tort manifeste à ses fleurs, et le but qu'on cherchait se trouverait par là complètement manqué. Il y a aussi un grand inconvénient à soumettre à cette opération les plantes dont les caractères ont été déterminés, car un tel procédé doit avoir une tendance à appauvrir les racines, et bien loin de les améliorer et de les ren-

dre plus belles l'année suivante, elles
seront de beaucoup inférieures, et le
cultivateur sera conduit à rejeter une
plante qui eût été parfaite, s'il l'avait
gouvernée judicieusement.

C'est avec ces convictions que j'insiste
encore auprès de mes lecteurs, sur l'importance de ne pas arrêter le développement ultérieur des plantes produites
de graines, lorsque leurs caractères sont
connus et déterminés.

Les conditions indispensables pour
constituer une plante de dahlia digne de
remarque, seront consignées plus loin,
et je vais, pour le moment, m'occuper
des différentes méthodes employées
dans l'éducation et l'arrangement de
cette plante.

Manière d'ENTRAINER * les dahlias.

Les systèmes employés pour *entraîner* ou dresser les dahlias sont nombreux et variés, et il n'en est pas un
qu'on puisse préférer aux autres,
à moins qu'il ne soutienne mieux la
plante, ne mette les fleurs plus en

---

* Nous nous servons ici du mot *entrainer*, pour
traduire le mot *training*, qui exprime l'idée d'élever, de discipliner, de dresser; cette expression de la
langue de nos voisins, a passé dans la nôtre, du moins
pour ce qui est relatif à l'éducation des chevaux de
course. On me pardonnera de l'avoir employée.

évidence ou ne les distribue plus uniformément sur une grande étendue
de terrain, car sous tous les autres rapports la manière de disposer les dahlias
dépend entièrement du goût du cultivateur : quelques-uns les élèvent
dans le but de jouir d'un riche déploiement de fleurs, d'autres pour produire
de beaux spécimen pour les expositions,
et le plus grand nombre pour le seul
plaisir de les ajuster et dresser, selon
leur caprice et leur fantaisie.

La méthode la plus naturelle et la plus
élégante, celle qui est le plus généralement pratiquée, consiste à dresser chaque plante de bonne heure et soigneusement à l'aide d'un seul tuteur. Les
pieux employés à cet usage doivent
être forts (le bois de Mélèze est celui qui
me semble le meilleur), et il faut qu'ils

aient au moins un pouce et demi de
diamètre, pour être capables de soutenir
la plante pendant les lourdes pluies et les
grands vents. En laissant obtus le bout
qui entre en terre, il sera moins sujet à
blesser les racines, si en s'enfonçant il
se trouvait en contact avec elles. Pour
prévenir cet inconvénient, il sera bon de
placer les tuteurs au moment même de
la plantation.

Chaque tuteur devra être fiché en
terre perpendiculairement aussi près que
possible de la tige, et pour le rendre
solide, il faudra l'enfoncer d'un pied et
demi ou deux pieds en terre, et lui laisser
hors du sol la hauteur que la plante sera
présumée devoir atteindre. A mesure
que la plante grandira, elle devra être
assujétie au tuteur avec du jonc, en
prenant garde de ne point serrer trop

autour de la tige, mais de lui laisser u
espace suffisant pour qu'elle puisse atteindre sa grosseur naturelle, à moins pourtant que le temps ne fut tel qu'il ne mit l:
plante en danger, auquel cas il faudrai
attacher la plante fortement à son tuteur, quand bien même elle ne serait pas
arrivée à toute sa grosseur : il est nécessaire de visiter les plantes régulière-
ment une fois par semaine et d'en changer les liens, les tenant aussi lâches que
la prudence le permettra; bien entendu
que ce soin, devenu inutile quand les
plantes auront atteint la taille qui leur est
propre, sera dès-lors tout-à-fait abandonné. Ce moyen d'*entraîner* et de diriger les dahlias, est presque universellement adopté pour ceux dont les fleurs
sont destinées au concours; et dans ce
cas, aussitôt que les pousses latérales

paraissent, on les coupe, et on ne permet à la plante de conserver que les jets
les plus vigoureux, qui alors forment
une tête uniforme et touffue. Par ce
moyen, les fleurs produites seront plus
belles et plus fortes, en même temps que
plus franches de couleurs et de formes.
Les soins d'un fleuriste intelligent ne se
bornent pas là, car il sait que moins les
fleurs que la plante doit supporter sont
nombreuses, plus ces fleurs sont belles
et parfaites. Agissant donc d'après ce
principe, il coupe les fleurs à leur apparition, et il n'en laisse que le nombre que
la plante est en état de nourrir et de
développer pleinement. Par suite de ce
principe, il enlèvera de même invariablement les jets au moment où ils paraîtront, et il cueillera les fleurs condam-
nées en boutons, car si on les laissait se

former entièrement, la force de la plante serait épuisée et les fleurs destinées à rester, se trouveraient appauvries sans raison. C'est à des méthodes semblables que quelques personnes doivent le succès de leurs fleurs dans les concours, mais il y a bien d'autres opérations à faire subir aux fleurs, avant qu'elles soient considérées comme prêtes pour l'exhibition.

Ce n'est pas à moi pourtant, d'essayer d'exposer toutes les fourberies et les ruses qui se pratiquent dans la préparation des fleurs pour les luttes publiques. Il est bien à regretter qu'on recourre dans ces occasions à de si injustes moyens; tels par exemple, que d'extraire des fleurs les pétales qui ne sont point parfaits, et d'y en substituer d'autres de différentes fleurs. Cette manœuvre et d'autres pratiques coupables sont à présent si généralement adoptées, que ce serait une tâche sans espérance que d'essayer de les abolir. Mais que les juges des expositions de dahlias soumettent les fleurs exposées au scrutin le plus sévère, et si quelques coupables supercheries étaient découvertes, qu'ils mettent hors de concours les personnes qui les auraient tentées : ce sera le moyen le plus efficace de combattre le mal.

Les inconvéniens résultant de ces pratiques déshonnêtes sont grands et nombreux; ainsi, une personne inhabile dans l'art d'entrelacer, de tourner et de transposer les pétales de ses fleurs, et de faire ainsi paraître artificiellement ses fleurs parfaites, apporte à une exposition une quantité de dahlias; et parce que les pétales de ses fleurs qui sont naturels, ne sont pas couchés l'un sur l'autre dans l'ordre formel requis; quoique ses fleurs soient supérieures sous tous les autres rapports, elle a la mortification de voir le prix accordé à un individu, qui peut-être n'a pas dévoué à leur culture la moitié des soins qu'elle y donne, mais qui a appris l'art de rapetasser ses fleurs, de façon à les faire paraître bonnes, qu'elles le soient ou non. J'aime à penser que dorénavant cela ne se renouvellera plus; et je suis persuadé que si les arbitres des concours de dahlias, examinaient attentivement et avec critique les fleurs exposées, de semblables pratiques et de si misérables ruses seraient bientôt découvertes et abandonnées.

Je ne m'oppose point à l'opération d'ajuster les pétales des fleurs, de ma-

nière à les disposer dans un ordre plus
parfait, mais je blâme de toutes mes
forces le système d'arracher les pétales
pour en introduire d'autres, et je pro-
teste de même contre toutes les pratiques analogues si connues des amateurs
de dahlias, comme iniques et injustes,
et faites pour arrêter et retarder les progrès de la culture de cette plante. Car,
un cultivateur probe et intelligent ne
reçoit aucun encouragement à persévérer dans ses louables efforts, mais il a
au contraire le chagrin de se voir préférer des personnes, qui usent sans
scrupule de moyens déshonnêtes et injustes, en préparant leurs fleurs pour
les concours publics.

Les fleurs destinées à concourir, se
trouveront bien d'être mises à l'ombre,
particulièrement les variétés blanches

ou de couleurs claires, qui perdent facilement la pureté de leur nuance, lorsqu'elles sont exposées aux rayons du
soleil : et non seulement le soleil, mais
des pluies lourdes et violentes causent
un grand dommage aux fleurs destinées
aux expositions : un excellent abri pour
elles, est une espèce d'ombrelle faite
avec du papier fort et fixée à une mince
baguette ; on l'emploie souvent pour
mettre à l'ombre les fleurs carnées ; cette
ombrelle garantira effectivement de
toute injure les fleurs de dahlias, si on
l'attache aux plantes de façon à couvrir
celles qu'on veut préserver.

Mais revenons aux divers moyens
d'*entraîner*.

La méthode de placer trois tuteurs à
chaque plante, en triangle équilatéral a
été chaudement recommandée et prati-

quée par quelques cultivateurs. Ce système peut certainement être avantageux
sous plusieurs rapports, mais sous d'autres on peut y faire quelques objections.
En disposant des plantes qui sont uniquement cultivées comme ornement et
pour la beauté de leurs fleurs, deux
points importans doivent être surtout
pris en considération : 1° d'assurer fermement et de soutenir chaque partie de
la plante, et enfin de tenir cachés et
hors de la vue les matériaux dont on se
sert pour la soutenir, de sorte qu'elle
présente aux yeux une surface non interrompue de branches, de feuillages
et de fleurs.

Par la méthode dont nous nous occu-
pons, la plante est indubitablement aussi
assurée et peut-être plus que quand elle
est maintenue par un seul tuteur : car il

faut se rappeler que si les branches qui sont attachées aux pieux se rompaient de quelque manière, la plante entière serait renversée par le vent, et comme ces branches sont de leur nature minces et fragiles, un pareil accident n'est point du tout improbable. D'un autre côté, comme les pieux ne peuvent être cachés qu'en donnant à la plante une attitude peu naturelle qui la rend disgracieuse et désagréable à la vue, ce système, malgré la préférence que lui accordent certains cultivateurs, ne saurait être recommandé pour l'usage général.

Il existe une grande variété de supports en fer ou tuteurs convenables, pour dresser et soutenir les dahlias, et plusieurs même sont très propres et très élégans : une fois placés, cependant, et la plante dressée contre eux, non seule-

ment ils perdent tout leur intérêt, mais
la plante elle-même perd toute sa grâce
naturelle, et a vraiment une misérable
apparence à côté d'un dahlia soutenu
par un simple pieu. Ce genre de sup-
port peut être néanmoins employé et
produire un assez bon effet pour des
plantes isolées, placées dans une grande
pelouse ouverte; quoique, même dans ce
cas, si ce n'était le danger de voir les
fleurs renversées par le vent, un seul
tuteur offrît un aspect plus naturel et
plus élégant.

Certains cultivateurs ont pour méthode de disposer les dahlias en manière
d'espaliers : dans quelques situations
peu nombreuses, les plantes ainsi dres-
sées produisent un effet agréable, pourvu
qu'elles aient été de bonne heure adroi-
tement arrangées; car je crois que tout

le succès de cette espèce de dessin consiste à attacher les branches, dès leur
jeune âge, dans la direction où l'on veut
les voir grandir. On peut alors les dresser
en éventail, c'est-à-dire, étendre les branches diagonalement et également des
deux côtés, et faire remplir le centre
par les pousses latérales. Dans ce cas,
on doit laisser produire à la plante trois
tiges et même plus : et si des baguettes
horizontales et d'autres perpendiculai-
res forment une espèce de treillage, sur
lequel s'élèvent les branches, l'ensemble y
gagnera en élégance et en solidité. Quelques plantes de dahlias de couleurs diverses, arrangées de cette façon aux
deux côtés d'une allée couverte, produiront certainement un effet très riche
et très frappant; ou bien encore placées
dans les jardins des chaumières qui bor-

dent une route, des plantes ainsi disposées, vues du chemin, auront une apparence charmante.

Ce mode d'*entraînement*, cependant,
ne peut être adopté que dans des situations très favorables, ou lorsque le goût
du cultivateur lui donnera la préférence;
et on ne peut en recommander l'usage
qu'aux personnes pour lesquelles sa
nouveauté serait un attrait.

Une autre méthode consiste à cheviller
les jets à mesure qu'ils poussent, de façon à leur donner l'apparence d'un
plant de dahlias nains. Mais quoique ce
traitement réponde au goût de quelques
personnes, je n'ai jamais vu les plantes
ainsi arrangées, étaler leurs fleurs avec
grand avantage. Cependant un certain
nombre de dahlias ainsi dressés, dans
un parterre, au milieu d'autres fleurs

est d'un assez joli effet et ne doit point être dédaigné. Pour mettre ce système à exécution, on préparera pour cet objet une planche du parterre, et on y plantera les fleurs de la manière ordinaire, et à l'époque recommandée plus haut. Le nombre de plantes nécessaires pour remplir la planche, devra être réglé d'après leur grosseur respective, en calculant l'étendue de terrain qu'une plante peut occuper, quand ses branches ont pris tout leur accroissement.

Il ne faut pas laisser les racines produire plus d'une ou deux tiges, et au moment de la plantation elles seront fixées à la terre avec une cheville faite exprès, et les pousses seront attachées de même à mesure qu'elles paraîtront. En les plantant il faudra mettre les plantes à une distance telle que l'extrémité des branches couvre toute la tige de la plante voisine, de sorte que la planche entière présente une masse uniforme de tiges et de fleurs : par ce moyen, les racines se conservent fraîches, sans qu'il soit nécessaire de les arroser.

J'ai vu des plantes du *globe de pourpre* et du *spring-field-rival*, disposées de cette manière, produire un excellent effet, et je ne doute point que d'autres espèces ne fissent également bien, si elles étaient en temps utile convenablement ployées à cette manière.

Mais il n'y a point d'habitudes mieux adaptées au naturel du dahlia, que celle de le réduire à une simple tige attachée à un seul pieu. Cette méthode est simple, sûre, élégante. Par elle les plantes se montrent à leur plus grand avantage; enfin, on peut à peine lui donner le nom d'arrangement, car la plante pousse de la sorte d'une manière parfaitement naturelle, le tuteur ne lui étant donné que comme soutien contre les pluies battantes, les vents violens ou tous autres accidens par lesquels elle serait endommagée ou détruite.

Conservation des racines.

Le seul point de la culture du dahlia
dont il nous reste à parler, est celui des
mesures nécessaires à prendre pour la
conservation des racines durant l'hiver.
Comme ces racines sont sérieusement
endommagées et le plus souvent détrui-
tes par la gelée, il est indispensable
d'employer des moyens pour l'empêcher
de pénétrer dans les lieux où ces racines
sont gardées, et en même temps pour
les préserver de se rider et protéger en

elles le principe vital, de tout accident.

Je m'occuperai d'abord de l'époque et de la manière de les tirer de terre, et ensuite des divers moyens de les conserver dans un état salubre et pourtant inactif pendant la durée de l'hiver.

A peu près à la fin de septembre, et aussitôt que l'on peut craindre la gelée, il est bon d'entourer de quelque chose la base de la tige de chaque plante, et le choix des matériaux employés à cet usage exige quelque discernement. Cette opération a pour double objet de préserver les racines des atteintes d'une soudaine gelée, et de les maintenir aussi sèches que possible.

Pour remplir ce but, il est facile de comprendre qu'il faut employer une substance légère, et que la terre ne saurait convenir à cet usage. Quelques auteurs ont recommandé les cosses de poix, la paille ou autres substances semblables; mais ces matières étant non-seulement sales et désagréables à la vue, mais encore sujettes à être dispersées par le vent, ne peuvent convenir à cet usage : il vaut, par conséquent, beaucoup mieux se servir de vieilles écorces ou ramilles d'arbres qui défendront effectivement les racines de la gelée, et ne retiendront pas l'humidité.

Après que la gelée aura visité les plantes et détruit les feuilles et les branches, les tiges devront être coupées et les labelles soigneusement assujéties avec un fil d'archal. En cet état, les racines pourraient être laissées en terre durant l'hiver. Mais comme elles pourraient aussi souffrir d'une excessive humidité, il vaut mieux les enlever de terre à cette époque. Pour cela, il faudra saisir le premier beau temps sec, et dans la matinée, enlever les racines avec grand soin et les laisser exposées au soleil tout le reste du jour.

A la nuit, on les transportera dans un abri ouvert, sec et aéré, et on les placera soit sur des tablettes, soit sur de la paille ou toute autre matière semblable, en prenant un soin extrême de les préserver de la gelée, jusqu'à ce qu'elles soient suffisamment sèches, pour être placées enfin dans leur quartier d'hiver. Lorsque la terre qui entoure les racines sera ainsi bien séchée, on nettoiera avec beaucoup de soin chaque tubercule, et on lui enlèvera le plus de terre qu'il sera possible sans l'endommager. Il faut avoir constamment deux objets en vue dans la conservation des dalhias : le premier, de maintenir les racines uniformément sèches et dormantes, et le second de conserver le principe vital intact et éloigné d'une trop grande chaleur.

L'accomplissement de ces deux conditions presque opposées, exigera de la part du cultivateur du soin et de l'adresse, et le succès dépendra en grande partie de la nature des matières employées pour empaqueter ces racines. On emploie généralement à cet usage la paille, le sable de rivière, le foin ou le terreau sec. Ce qui vaut mieux peut-être que le reste, surtout pour les espèces de choix, est un mélange de sable de rivière bien sec et de terre légère. Mais l'atmosphère et la température de l'appartement dans lequel les racines seront gardées, sont d'une bien plus haute importance : certaines personnes craignant l'embarras, se contentent de

les placer sous les degrés d'une orangerie, dans laquelle, sans doute, elles
sont à l'abri de la gelée; mais cette
situation n'est nullement favorable à cet
objet, car elles se trouvent là, soumises
à l'effet de l'égouttage des plantes et
de l'humidité de la serre, qui pourraient
devenir très dangereuses et même fatales
aux racines du dahlia et les faire pourrir. La meilleure situation à choisir pour
la conservation des racines, est de les
mettre dans une chambre planchéiée : il
est assez peu important que cette pièce
soit placée sur un hangar, au-dessus
d'une étable, dans une maison habitée,
ou à un rez-de-chaussée, pourvu que les
mesures soient prises pour en bannir la
gelée et l'humidité.

Après avoir fait choix d'une pièce
offrant tous les avantages désirables, et

précisément dans les conditions d'un
fruitier, prenez les racines qui auront
été auparavant bien séchées; répandez
sur le plancher de cette chambre un lit
peu épais de sable, de terreau ou de la
matière quelconque choisie pour les empaqueter, et placez sur ce lit les racines
aussi rapprochées l'une de l'autre que
possible : puis étendez sur elles une légère couche de la même matière sèche
pour les couvrir. — S'il y a une plus
grande quantité de racines que la chambre ne peut en contenir dans sa surface,
vous pourrez les empiler les unes sur les
autres en deux ou trois lits successifs,
pourvu qu'un lit de sable ou d'autres
matières convenables et de la paille sèche en abondance, soit placée entre chacun de ces lits, et qu'une plus grande
quantité de paille sèche, bien préférable

gneusement empaquetées, et lorsqu'une quantité suffisante de paille sèche a été employée à les couvrir, il est infiniment rare d'être obligé de recourir à la chaleur artificielle ; et, en effet, tout ce qui est nécessaire pour conserver les racines saines et entières, c'est de les préserver de la gelée et de l'humidité, et il est en général facile de trouver un lieu qui offre toute sécurité à cet égard.

L'appartement choisi pour cet objet devra, autant que possible, être placé à un étage élevé et avoir un plancher de bois; si cette pièce était carrelée en briques ou en carreaux, il faudrait étendre des planches dessus, avant d'y poser les racines, afin de les préserver de l'humidité toujours à craindre avec ces sortes de pavemens.

Il y a peu d'années que la pratique

généralement employée pour conserver les racines, consistait à les placer durant l'hiver dans des fosses ou dans des caves, absolument comme les pommes de terre : mais dans le siècle éclairé où nous vivons, ce système a été complètement abandonné, excepté par un petit nombre d'individus mal avisés, ou par des personnes qui possèdent une quantité infinie de plantes. Sans doute que là où le dahlia est cultivé sur une très vaste échelle, les espèces les plus communes et les moins belles doivent être gardées dans une fosse ou dans une cave : mais les espèces rares et choisies ne peuvent, en aucun cas, être traitées ainsi.

J'ai contre ce système deux objections à faire. En premier lieu, quand les dahlias sont enfouis dans une fosse ou entassés dans une cave, les étiquettes tombent presque immanquablement, fussent-elles même attachées avec du fil de fer, à cause de l'humidité qui résulte toujours de ce système : en outre, par l'emploi de ce moyen les diverses espèces se trouvent mêlées et confondues d'une inextricable façon, et il devient impossible de les planter avec quelque choix, dans l'assortiment des couleurs ou de la taille à la saison suivante. Ma seconde objection est, que dans ce système il est très incommode, et on peut dire presque impossible d'examiner les plantes de temps à autre, et de s'assurer si elles ne souffrent point par quelque cause, d'où il résulte qu'un grand nombre de plantes se trouvent gravement endommagées par l'humidité, et qu'on en perd une quantité considérable. Je regarde ces objections comme très sérieuses, et suis décidément opposé à ce système, sauf pour les espèces communes ou inférieures qu'on peut garder pour les planter sur les bords des massifs, ou dans les coins obscurs d'un jardin d'agrément.

Pour conserver les racines des plantes de cette dernière espèce, il est une méthode bien simple, c'est de les placer par couches sur une surface solide, dans quelque lieu abrité du jardin, et de les couvrir de six ou huit pieds de vieux débris d'écorces, de branches et de feuilles d'arbres. Elles pourront ainsi se conserver dans une salubrité tolérable pendant tout l'hiver. Mais s'il s'agit d'espèces estimées et de prix, aucun autre système ne peut entrer en comparaison pour la sécurité et les avantages qu'il donne, avec celui qui les place dans une chambre sèche. Dans ce lieu, durant toute la saison où les racines se conservent inactives, on devra les visiter avec soin de temps en temps, et si l'on découvrait quelque indication d'humidité, il faudrait porter un prompt remède à ses effets destructeurs. En même temps qu'on procédera à cet examen, on pourra s'apercevoir soit que les racines n'ont point une quantité suffisante de paille, soit que les étiquettes ont été dérangées, ou de quelqu'autre bagatelle de cette nature, qui pourtant mérite l'attention, et qu'on rectifiera aussitôt. Je suis persuadé que le cultivateur se trouvera amplement d dommagé de toute la peine prise, en voyant les racines destinées à fleurir au printemps, dans un état parfaitement sain et prospère, et toutes disposées à reprendre les fonctions qui auront été maintenues si longtemps dans un état de sommeil.

Caractères d'excellence

Après avoir donné aux lecteurs les directions minutieuses et détaillées touchant la propagation, l'éducation et la conservation de cette plante, que plusieurs années d'expérience m'ont rendues familières; il ne me reste plus qu'à fixer les caractères nécessaires pour constituer un dahlia digne d'attention, et à énumérer les particularités que les fleuristes sont convenus de regarder comme essentielles au mérite et à l'excellence de cette fleur.

Dans ce chapitre, je ferai connaître brièvement les caractères qu'une bonne *plante* doit posséder, et les points par lesquels on peut reconnaître une *fleur* parfaite : la perfection de la plante n'est comparativement que de peu d'importance, et ne doit être considérée que comme le désirable complément d'une *bonne fleur* : tandis que la qualité de la fleur est le trait principal qui détermine si les nouvelles espèces sont mauvaises ou dignes de prix.

Les caractères nécessaires pour constituer une bonne plante peuvent se réduire à trois : premièrement, la figure générale de la plante doit être uniforme et compacte, c'est-à-dire, s'élargir graduellement, depuis les plus basses tiges latérales jusqu'à l'extrémité des tiges les plus hautes, et ne montrer aucune disposition à traîner ou à s'éparpiller. Secondement, elle doit être disposée à fleurir librement et à produire une grande quantité de fleurs : et troisièmement, les fleurs devront se soutenir au-dessus du feuillage, par une forte et courte tige, de façon à se présenter hardiment et avantageusement à la vue. Tels sont les caractères particuliers, généralement convenus pour former une bonne plante, mais ils n'ont de valeur qu'autant qu'ils contribuent à l'objet plus capital de l'exhibition avantageuse de la fleur : tandis que les fleurs, si elles sont *bonnes,* suffisent pour donner du prix à une nouvelle variété, indépendamment des habitudes de la plante qui les produit.

Je vais exposer en peu de mots par quel critérium le mérite de la fleur est déterminé. Des fleurs larges, de couleurs

brillantes et même, autant qu'un obser-
vateur superficiel peut en juger, d'une
forme parfaite, sont souvent considérées
comme indignes d'attention par les personnes qui connaissent bien les caractères nécessaires pour constituer une *bonne
fleur*, ainsi, il faut s'entendre nettement
et distinctement sur ce sujet. Il y a certaines qualités que toute fleur doit posséder, avant de pouvoir être admise à
lutter de mérite et avec succès contre
d'autres; et si le cultivateur, lui-même,
n'en était pas juge compétent, il faudrait soumettre les fleurs à l'examen et
à l'inspection d'une personne bien ins-
truite des règles établies.

Ces règles ou ce critérium, universellement reconnues et adoptées par toutes
les personnes qui élèvent des dahlias, ne
sont point soumis au caprice de chaque

individu, ni à la décision de quelques so-
ciétés particulières, mais elles sont regardées comme permanentes et hors de
l'atteinte du changement ou de l'altéra-
tion. Ceci, en effet, est de grande importance; car en soumettant les dahlias
à l'épreuve de ces règles convenues on
pourra déterminer avec certitude leurs
qualités, et d'après cet examen les rejeter ou les conserver.

Les points essentiels sur lesquels les
fleurs destinées au concours devront être
éprouvées et jugées sont au nombre de
trois. La forme, la couleur et la dimension, et tous ces points ont entr'eux un
tel rapport, que si un certain degré
d'excellence manque à l'un d'eux, la fleur
peut dès-lors être regardée comme défectueuse et indigne d'une plus longue
attention. La forme est certainement le

trait le plus important, et on l'entend de
la forme des pétales et de la fleur. Tout
consiste, en effet, à savoir si les pétales
seront parfaits ou défectueux, si le centre
de la fleur sera rempli par de bons pétales, et si le bord extérieur en sera cir-
culaire ou rompu. La couleur est, par
comparaison, de moindre importance,
car une fleur de couleur unie, si d'ailleurs ses proportions sont bonnes, sera
généralement prisée fort au-dessous
d'une autre, de couleurs variées et plus
brillantes, qui pêcherait par la forme et
la grosseur : si pourtant la couleur en-
trait en considération, il faudrait faire
consister son mérite pour les fleurs de
couleurs unies, dans l'éclat et la pureté
parfaite, sans aucune tache ou interrup-
tion, et pour les fleurs rayées, pointillées ou bordées, dans la distinction nette

et tranchée de chacune des nuances, qui
ne doivent ni se mêler ni se confondre.
Je vais tâcher de résumer sous des ti-
tres séparés, les caractères particuliers,
généralement admis pour constituer une
bonne fleur sous les trois rapports importans que j'ai déjà indiqués.

I. *Forme*. La fleur du dahlia vue de
face, doit présenter un cercle extérieur
parfait, qu'aucune irrégularité causée
par le développement incomplet des pétales, ou par un manque de proportion
ne doit interrompre. Chaque pétale doit
approcher, autant que possible, de la
forme sphérique, sans la plus légère
disposition à la forme pointue ou aiguë,
mais être parfaitement rond à l'extrémité et légèrement concave, il ne faut
pourtant pas que ce soit au point d'exposer à la vue la moindre partie du des-

sous. Cette forme passe pour être portée
à sa perfection dans la fleur appelée,
spring-field-rival, dont les pétales sont,
en effet, très légèrement courbés; mais
je regarde cette fleur, si parfaite sous ce
rapport, comme défectueuse, en ce
qu'elle n'est pas de forme assez parfaitement ronde. Toute irrégularité dans la
forme des pétales telle que d'être en-
taillés, tuyautés, convexes ou trop con-
caves, ou pointus, est suffisante pour
rendre les fleurs indignes d'un concours
et d'une exposition publique. Pour être
d'une forme parfaite, les pétales doivent
se placer l'un sur l'autre, avec l'ordre et
la régularité la plus précise, autrement
l'aspect et la figure générale de la fleur
seront défectueux.

Dans quelques fleurs, l'œil ou disque
devient apparent, lorsqu'elles sont plei-

nement épanouies; ce défaut ne laisserait
à aucune fleur des chances de succès
dans les concours : je n'essaierai pas de
donner la raison de cette imperfection :
il est pourtant certain que quelques fleurs
ont une plus grande tendance que d'autres à montrer leurs yeux. Et quoiqu'en
beaucoup de cas, cela soit causé par les
pétales du centre, qui sortent de leur
position naturelle, lorsque les fleurs sont
ouvertes depuis un long temps, cependant, je présume qu'il ne serait ni ridicule ni déraisonnable de supposer, que
cela pourrait être attribué dans une certaine mesure à la pauvreté du sol dans
lequel les fleurs ont poussé : car c'est un
fait bien connu, que la plupart des fleurs
doubles sont des résultats monstrueux
et artificiels de la culture dans une terre
forte et excitante. Ainsi, on peut raison-

nablement imaginer, lorsque les pétales reprennent leur forme naturelle et se montrent avec le caractère de fleurons, que le manque de qualités nutritives dans le sol, arrête le développement de pétales parfaits. Je n'entends point par cette supposition contredire ce que j'ai avancé plus haut, relativement au tort que la trop grande abondance de fumier causerait aux dahlias, mais tout simplement insinuer qu'une terre trop pauvre, pourrait disposer ces fleurs à montrer leur disque, de manière à les rendre indignes du concours; de sorte qu'il sera sage d'éviter également un sol trop pauvre ou un terrain trop nutritif, puisque l'un et l'autre deviennent la source de plus ou moins graves inconvéniens.

Si donc, une fleur vue de côté ne présente pas la figure sphérique parfaite, ou n'a pas précisément la forme d'une moitié de globle, elle est imparfaite, et selon qu'elle s'éloigne plus ou moins de ce type, elle est plus ou moins défectueuse; car une fleur peut être ou trop proéminante ou trop plate du centre, et l'un et l'autre sont de manifestes défauts.

2. *Couleur.* — Quelle que puisse être la couleur d'une fleur, il faut que la nuance en soit pure, riche et distincte, ainsi qu'il a été déjà dit. Les fleurs panachées comme le *york* et le *lancaster*, (dont les jets remarquables venus de graines, étaient la saison dernière à l'exposition de dahlias de sheffield), doivent avoir les raies de chaque couleur, franches et bien définies, c'est-à-dire que les nuances ne doivent point se mêler ou se perdre l'une dans l'autre; que les limites de chacune d'elles doivent se

conserver distinctes, et qu'il ne doit y avoir ni taches irrégulières ni confusion.

3. *Dimension.* — Je n'essaierai pas de prescrire des règles pour la grosseur, qui n'est chose ni nécessaire ni désirable; car, jamais les fleurs ne me paraissent trop grosses, pourvu qu'elles soient bien et correctement formées, et que la couleur en soit parfaite et agréable. Ces qualités, cependant, manquent souvent aux grosses fleurs qui, d'ordinaire, sont plates au lieu d'être proéminentes du centre et d'avoir une forme sphérique; les pétales en sont aussi généralement grossiers et irréguliers, et les couleurs rarement riches et pures; mais si on ne rencontrait aucun de ces défauts, il faudrait donner la préférence aux grosses fleurs sur les petites, et si d'ailleurs elles

étaient parfaites, plus les fleurs seraient grosses, plus leur succès serait complet dans les luttes publiques, et plus les variétés qui les produiraient auraient de prix.

CONCLUSION.

J'ai tâché de donner à mes lecteurs
une idée générale des caractères particuliers, que doit posséder un *bon* dahlia, et ayant conduit mon petit traité
près de sa fin, tout en trouvant bien des
sujets de regretter que la tâche ne soit
pas tombée en plus habiles mains, qui
eussent probablement traité le sujet
d'une façon plus populaire et plus agréable; je sens quelque satisfaction en affir-

mant que toutes les remarques que j'ai faites, et les règles que j'ai données ou proposées, ont été non seulement confirmées par d'imposantes autorités, mais qu'elles sont le résultat de plusieurs années d'une expérience qui, j'ose m'en flatter, n'aura été ni perdue ni inutile :

Il pourra paraître désirable à quelques personnes, qu'une liste choisie des variétés les plus belles, cultivées maintenant, fut jointe à ce petit ouvrage, avec les prix courans auxquels chacune de ces variétés peut être obtenue; mais quand bien même je l'eusse fait, et quand j'aurais fourni une longue liste, (ce qui aurait occupé bien des pages de ce livre), telle est la multiplicité presque sans bornes des variétés et sous-variétés, telles sont les fluctuations et l'inconstance des prix auxquels on les vend, et telles

sont les nombreuses additions qui se font
constamment aux espèces déjà connues,
que si ce petit traité a le bonheur d'être
en circulation dans quelques années, mes
lecteurs me blâmeraient justement d'avoir
encombré mes pages, de ce qui alors très
probablement serait tout à fait inutile; de
sorte que j'ai tout d'un coup abandonné
l'idée de donner une semblable liste.
D'autant plus que des catalogues impri-
més, des variétés les plus estimées, sont pu-
bliés tous les ans par les cultivateurs en
première ligne, et contiennent tous les
renseignemens désirables et nécessaires
sur la couleur, la hauteur et le prix. On
conjecture que le nombre des variétés ou
sous-variétés de cette plante ayant un
nom, excède un millier : et d'après cette
immense quantité, il est évidemment impossible d'en donner même une liste choi-

sie avec les prix. Mais je ferai observer comme règle générale des achats, que les variétés les meilleures et les plus nouvelles se payent souvent plus d'une guinée par plante, et très fréquemment aussi coûtent la moitié de cette somme. Ces mêmes fleurs, dans l'intervalle d'une année ou deux, s'obtiendront certainement pour la moitié, le tiers ou le septième de leur premier prix; et après la troisième ou la quatrième année, ce prix sera encore réduit. Ceci est une des grandes raisons pour lesquelles le dahlia est si universellement cultivé; et s'il était nécessaire de nouveaux motifs pour accroître sa faveur, il ne faudrait sans doute, que le voir fleurir dans sa perfection pour exciter l'admiration de tous ceux, dont le goût n'est pas si vicié qu'ils puissent voir avec indifférence et froideur, un des objets les plus agréables et les plus ravissans, que la nature toujours charmante, toujours aimable, présente continuellement à nos yeux.

FIN.

TABLE DES MATIÈRES

CONTENUES DANS CE VOLUME.

Préface du traducteur,   i

Lettre de M. A. de Humboldt,   ix

Lettre de M. A. de Jussieu,   x.

Introduction,   1

Première introduction de la plante,   8

Dérivation de son nom,   10

De quel pays elle est indigène,   12

Différentes espèces, 12

Progrès rapides dans la culture, 13

Couleurs, 14

Culture facile, 19

Certaines espèces d'une culture plus facile, 20

EFFET DU CLIMAT ET DU TERRAIN, 23

Les climats chauds sont les plus favorables, 24

Le sol a plus d'influence que le climat, *Id.*

Amélioration des terrains de diverses sortes, 25

Sol indigène, *Id.*

Terrains peu favorables, par quelles raisons, 26

Erreurs au sujet des terres riches, 28

TABLE. 16?

Fleurs diminuées et appauvries par un
    sol trop riche,   28

Application générale de cette règle,   29

Nécessité d'une humidité constante et
    modérée autour des racines,   30

Danger d'une trop grande humidité,   33

Comment amender une terre glaise,   34

Comment amender une terre légère et
    friable,   *Id.*

Amélioration d'un sol trop léger par
    l'emploi de la pure glaise,   35

Moyens d'améliorer les terrains inter-
    médiaires,   36

Différentes opinions sur les natures de
    terrains les plus favorables,   39

Différence du terrain pour les plantes
    hautes ou naines,   41

182 TABLE.

La modération dans l'usage des engrais,
essentielle à la production de belles
plantes,   43

Effets merveilleux de la culture, mon-
trés dans le dahlia et la pensée,   44

Les expériences très utiles dans la culture,   45

EXPOSITION,   49

Le dahlia a besoin d'une exposition
libre et ouverte, il se plaît aux rayons
du soleil,   *Id.*

Localité native, plaines ouvertes,   51

Situations préférables,   *Id.*

Une élévation modérée au-dessus des
terrains environnans, favorable au
dahlia,   52

Une plate-bande en amphithéâtre, mieux

adaptée pour le déploiement des fleurs. 55

Distance à mettre entre les racines, 54

PROPAGATION, 57

Manière de propager les variétés anciennes et nouvelles, 58

Manière de forcer les pousses, 59

Autre méthode de faire germer les Plantes, 60

Les jets doivent être maintenus courts et forts, 61

Les racines seront jetées quand les boutures auront été prises, Id.

Jets mis en pots, 62

Nécessité de placer à l'ombre les jets nouvellement empottés. 63

L'air et le jour leur sont nécessaires,   63

Quand il faut les mettre dans de plus
grands pots,   64

Greffe du tubercule   63

Espèces inférieures, convenables comme
sujets,   *Id.*

Méthode de Blake pour la greffe des
racines,   66

Méthode de Nash,   70

Propagation sur couche,   71

Autre méthode,   72

La chaleur est-elle ou n'est elle pas nécessaire à la propagation,   76

Propagation par boutures d'automne,   79

Replantage,   83

Conseils de M. Sabine, par rapport à la
taille et aux couleurs,   84

Distance à garder entre chaque lit de racines placées par rang, ... 85

Distance entre les racines dans les avenues, ... 86

Distance entre les fleurs élevés pour les concours, ... 87

Époque de la plantation en pleine terre, ... 89

Soins en transplantant des pots dans la couche, ... 90

Soins à donner après, ... *Id.*

Meilleur moment pour arroser, ... 91

Précautions pendant l'extrême chaleur, ... 92

Inconvéniens qni en résultent, ... 93

Usage de l'eau de fumier, ... 94

PRODUCTION DE VARIÉTÉS, ... 97

Par semis, 97

Comment se procurer de bonne graine, 98

Fécondation artificielle, 99

Époque pour semer, 101

Manière de semer, 102

Manière d'empotter, manière de changer de pots, *Id.*

Traitement semblable à celui des boutures, 103

Opinions relatives à l'analogie de
couleurs entre les tiges et les fleurs, 104

Comment s'assurer de la couleur, 105

Nécessité de supprimer la fleur quand la
couleur est certaine, 106

MOYENS D'ENTRAÎNER, 109

Méthode générale,   110

Arrangement de la tête en buisson,   111

Limiter le nombre des fleurs,   112

Attention au moment convenable pour
    entraîner.   113

Moyens coupables mis en usage dans les
    expositions publiques,   114

Abriter du soleil et de la pluie,   117

Manière d'entraîner avec trois tuteurs,   119

Tuteurs et soutiens de fer,   120

Manière d'entraîner en espalier,   121

Autre manière en chevillant les jets.   125

CONSERVATION DES RACINES.   127

Époque pour les lever de terre.   id

Précautions qui doivent précéder cette
opération, 128

Lever les racines de terre et les nettoyer, 129

Matières dans lesquelles on doit les conserver sèches et dormantes, 130

Atmosphère et température, 131

Lieu, 132

Plan de M. Loudon pour la conservation des racines, 134

Vieille méthode de les conserver dans
des fosses ou caves, 137

Objections contre cette méthode, 138

Manière de les conserver en plein air, 139

Caractères d'excellence renfermés
dans trois points principaux, 144

Ce qui caractérise une belle fleur, 145

TABLE	173
Règles pour juger les plantes,	147
Trois épreuves,	148
Forme,	149
Couleur,	153
Dimension,	154
CONCLUSION,	158
Nombre des nouvelles variétés cultivées,	*Id*.
Prix des nouvelles variétés,	160
Réduction graduelle de prix d'année en année,	*Id*.

FIN.

ERRATUM.

Page 123, *au lieu de:* et les labelles soigneusement assujéties, *lisez:* Et les étiquettes...

PORTEFEUILLE

DES ENFANS,

MÉLANGE INTÉRESSANT D'ANIMAUX, FRUITS, FLEURS, COSTUMES, PLANS, CARTES ET AUTRES OBJETS DESSINÉS SUIVANT LES RÉ- DUCTIONS COMPARATIVES, ACCOMPAGNÉS DE COURTES EXPLICATIONS ET DE DIVERS TA- BLEAUX ÉLÉMENTAIRES.

PAR

DUCHESNE ET LEBLOND.

2 vol. in-4° PRIX 10 fr.

Ce charmant ouvrage, destiné aux enfans, devient intéressant pour tous les âges par la fidélité avec laquelle les planches sont dessi- nées et gravées, et par les détails clairs et précis qui les accompagnent ; on est étonné de la foule d'objets intéressans qu'il renferme, tous présentés sur une échelle de proportion qui leur assigne leur grandeur naturelle.

Il ne reste qu'un petit nombre d'exemplaires de cet ouvrage.

www.ingramcontent.com/pod-product-compliance
Lightning Source LLC
LaVergne TN
LVHW012000180726
843502LV00005B/1480